装修就要做个吝啬鬼

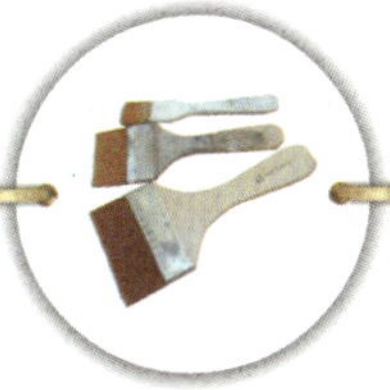

〔韩〕金小姬·著
邢青青·译

中国画报出版社·北京

图书在版编目（CIP）数据

装修就要做个吝啬鬼 / (韩) 金小姬著；邢青青译
. -- 北京：中国画报出版社, 2014.7
ISBN 978-7-5146-1032-1

Ⅰ. ①装… Ⅱ. ①金… ②邢… Ⅲ. ①住宅－室内装饰－成本管理 Ⅳ. ①TU723.3

中国版本图书馆CIP数据核字(2014)第160159号

著作权合同登记图字：01-2014-5286

责任编辑： 张光红

出版发行： 中国画报出版社（中国北京市海淀区车公庄西路33号　邮编：100048）

开　　本： 16开（700×1000）

印　　张： 17.25

字　　数： 251千字

版　　次： 2014 年 9 月第 1 版　2014 年 9 月第 1 次印刷

印　　刷： 北京铭传印刷有限公司

定　　价： 38.00元

总编室（兼传真）：010-88417359　版权部：010-88417409　发行部：010-68469781　010-88417417（传真）

我的装修花费并不昂贵。不仅不昂贵，甚至可以称得上寒酸。零碎的木料大部分是别人送的，一些小物件也都来自于对家里废弃物品的再利用，总花费不到100000韩元（折合约600元人民币）。那些习惯用昂贵的材料，并借助装修公司的力量进行装修的人，看到我的装修成果也许会感到很可笑吧！但之所以能骄傲地将它展示给大家，是因为这是一个身高只有160cm的矮个子女人，完全靠自己的力量，将30多年的老房子改造成这样的。我想通过自己的经历告诉大家，只要有信心，不论谁都可以做到这一点。

前言

在装修过程中，我将吝啬鬼的本性发挥到了极致，不依靠装修公司，独自进行了设计和装修。例如，用油漆来代替壁纸，更换地板样式，将旧家具翻新成新家具，等等。甚至还亲自动手制作了家里需要用到的家具。这些事情，对于一个身高不过160cm的女人来说难度不可谓不大，而且让大家难以置信的是，这是一个从小到大都没受过什么苦的人做到的。

虽然家境不是特别富裕，但父母却为我们兄妹的成长倾注了全部的心血，为我们提供尽可能好的生活条件。因此，尽管年纪已经超过30岁，我仍然属于“连双袜子都不会洗的懒女人”。在下定决心改造老房子之前，我从未经历过比这更大更艰难的事情。

在亚洲经济危机的时候，我们家破产了。身为公务员的父亲退休后，为了维持家庭的生计做起了生意。在生意处于淡季的时候，他不顾一分钱都没赚到的窘境，执意把工资发到每个职员的手中。他的这种敦厚诚实的经营理念，最终使我们面临资金短缺的危机，导致了公司破产。

为了还债，我的父母将投入一生的心血、历经三年建好的房子卖掉，搬到了现在我们住的这个家。我至今忘不了那一天，所有人都沉默着，像全副武装的战士一样，似乎一旦有人开口说话，这个世界就会坍塌掉。那一天，我们默默地将能扔掉的东西都扔掉，整理着各自的行李，心中充满了绝望。

之后的10年时间里，我们一直生活在自暴自弃中。如洞窟般的这个家似乎将每个人的欢笑和希望都吞没了。然而突然有一天，在网上乱逛的我点进了一个新的世界——一家自己动手做木工的网站。它让我看到了希望。

但对当时的我来说，它也只是梦一般的希望。

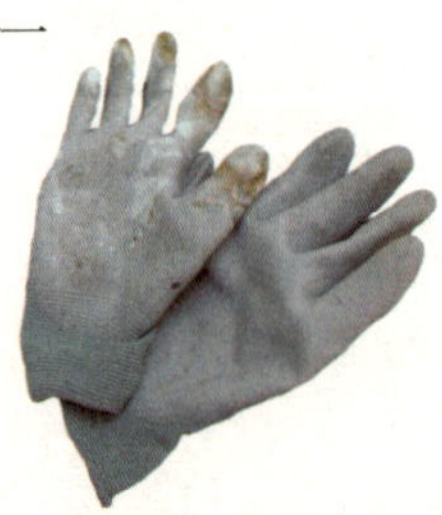

7237891

身为女性的我怎么可能做到这些呢？不可能！

当我问父亲“对我们居住的这个房龄已经超过30年的老房子，应该做哪些装修”的时候，父亲揶揄道：“南瓜上画了条纹就能变成西瓜吗？”而且即使真的要装修，也需要依靠我自己的力量来进行。

不过有一天，我有了一个新的发现。一位十分有名的女性博主在博客上公开了她自己动手换厨房橱柜的过程。厨房在她那灵巧双手的装扮下焕然一新，让我为之赞叹不已。过了几天，她又在博客上上传了她的感冒药，圆滚滚的……感冒药被包装得十分漂亮。在看到感冒药的那一刻，我决定亲手改造老房子。

我领悟到了一个事实：对任何人来说，世界上都没有容易的事情。

然后我勇敢地购买了两桶油漆和一把刷子。

在充满了父母多年以来生活痕迹的客厅中，我一点儿一点儿地将东西清空，花了大概一个月的时间完成了“客厅墙壁变白工程”。这是我在装修方面的第一个挑战。昏暗的客厅中，暗红色的木板式墙壁在一个月后变成了洁白干净的颜色，让长时间生活在其中的人惊讶不已，而我则对自己能做到这一步更为吃惊。

第一个惊讶是：原来这个家变得明亮洁白后，会显得这么大啊……

第二个惊讶是：原来这种事情我也可以做得到……

是啊，每个人都可以做到的事情，我却花费了两年的时间浏览相关的博客，才最终下定了决心。这对于一个“连双袜子都不会洗的懒女人”而言，无异于获得了开天辟地般的功绩吧！与此同时，也让我拥有了无尽的勇气和对生活的希望。

在这里，我想告诉大家的是：我的装修并不是那种基于优越经济条件下的短时间内就可以完成的装修。在装修过程中，一定要充分利用博客，及时在博客上更新自己的装修进展情况。从博客上，我们可以获得很多的帮助。博客不仅时刻鞭策着我对装修这件事负起责任，还让我从众多博主推荐的网站链接和论坛中获得了相关的知识和信息。

在刚开始进行装修的一年当中，我只是一个资历很浅的初学者，但一年之后，我开始得到许多论坛、博主和企业的援助。在我的装修中，有 50% 以上的成果是靠他们提供的物力和心力取得的，这一点你能相信吗？为什么我要这么说呢？

是因为想告诉大家，装修不能操之过急。

装修的步伐越慢，从中学到的知识和技巧越多，装修的成功率也会随之提高。“想要一天之内完成刷漆，一个月之内将家具做好，半年后让老房子焕然一新”，这类想法在材料多样、购买途径便捷的现代，实现的可能性当然很大。

但我所认为的装修，应该是我生活中的一部分，而且应该用最小的花费，实现最大的目的。

“在装修的过程中，我充分发挥了吝啬鬼的精神，所以拍出来的照片不是那么华丽。”

“这又不是拍什么装修画报，就是记录我的超级省钱装修！哈哈！”

在和编辑的对话中我们确定了这本书的书名。

而且，对我来说，装修并不只是要拥有一个外表华丽的房子，而是充分考虑到所有家人的需求，让住所成为他们净化心灵的温暖空间。装修也必须不能对我的生活造成困扰和负担才可以。

如果你正在为“房子太过老旧，不知道该从何处着手收拾”而烦恼，如果你每次看到漂亮的装修画报都会对现在的居所感到绝望，那么从现在开始迈出第一步吧。两年后，大家将不再记得旧房子的样子。

正如我所说，我的装修，是我生活中的一部分，它包含了我对家人的爱。

我那破旧却可爱的房子，是只属于我自己的画纸。

我想继续成为这幅未完成画作的画家，想成为记录家人喜怒哀乐的电视剧作家。当我鼓起勇气开始装修这栋老房子的时候，我的人生发生了翻天覆地的变化。

就趁现在，希望大家也可以展开属于自己的那张画纸。

金小娅

2013 年春

目录

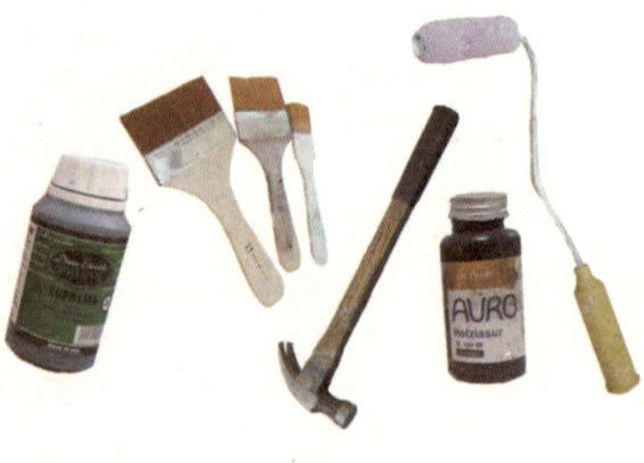

1章　为家人准备的电视剧
——装修出如电视剧场景般的客厅

2章 装修卧室1
——用多色彩、生动感和便利性来装修不到9平方米的卧室

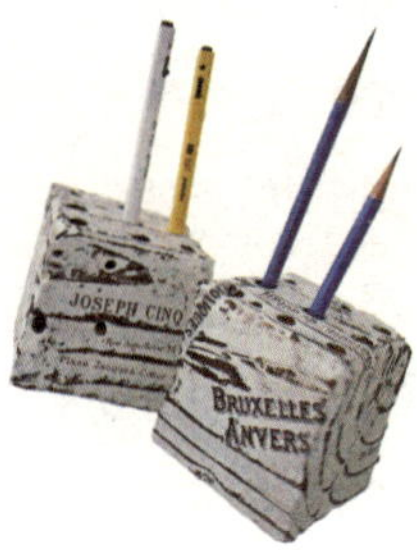

3章 装修卧室2
——年老的叮当小仙女居住的不到7平方米的永无乡

4 章　清洁老房子中幽深昏暗的厨房

5 章　打造田园北欧风的浴室

后序

装扮旧家之前……

岁月的痕迹如同灰尘一样堆积在老房子中，到处都是。在心浮气躁的日子，即使进行彻底的大扫除，最多也只能维持一天的时间，到第二天或第三天，房间又会恢复原样。面对这种情况，大多数人都会灰心丧气，放弃整理房间的想法。

但看到朋友干净明亮的家，艺人们装修豪华的家，杂志上刊登的华丽的装修图片，我们又会不自觉地为之着迷。然后，拿起计算器，开始计算这些需要的大概费用。

壁纸的费用、更换瓷砖的费用、洗脸台挪动的费用……啪啪啪……

计算完后，吃惊于计算器上显示的金额，沮丧之下将计算器扔到一边。我想大家应该都有过这种经历吧？这种事情，我做过不是十几次，而是数百次。最终我得出结论，以我的经济收入只能付材料的费用，装修需要自己动手来完成。这样才能使现在我住的房子变成理想中的房子。

如果想要用自己的双手把房子装修得像艺人住的房子一样，需要从哪里着手呢？

在装修之前，希望大家做好计划，并参考如下的步骤，这样会使装修变得简单。

确定整体布局

找到与“装修后如果是这个样子就好了”的感觉最接近的装修画报和照片，以此为基础确定房间的整体布局。在大脑中想象需要装修的房间天花板、墙壁及地板的颜色，然后再想象家中现有的家具应该如何布置。即使不怎么会，也最好先绘出草图。

绘制草图时，房间中家具的比例应该精确。只有这样，绘制出的草图才能与想象中装修后的房间差别不大。

即使房间特别狭小，如果为天花板、地板等选择明快的颜色，也会使房间看起来大很多，并且永不过时。绘制草图后，我们只需通过增加或更换小物件、动手给家具涂漆等方式，就可以轻松完成属于自己的装修。

也就是说，绘制草图时一定要做好整体布局，安排好家具应该摆放的位置。

这件事做好后，再将能够自己动手解决的事情和需要求助装修公司才能做的事情区分出来，做好预算。在装修过程中，几乎所有的事情都是我依靠自己的双手完成的。我相信，只要有勇气和毅力，任何人都能做到这一点，而且在自己动手装修的过程中，还能够收获意料之外的乐趣。

空间分割及空间的再发现

确定整体布局后，查找因为家具的再摆放产生的狭小空间。虽然空间狭小，但如果为其精心设计打造收纳箱的话，不仅会产生新的收纳处，使得居无定所的物品找到属于自己的位置，还会使房间设计效果更加完美。

漂亮的装修，第一步便是收纳。让物品有自己的位置，将不会使其在房间内到处乱滚，也不会被我们的脚踢来踢去。我们也可以仔细回想过去房间中有哪些感觉不方便的地方，并拟好改进计划。

大家要记住，打造干净舒适房间的第一步应该从整理杂乱无章的生活开始。只要做到这一点，我想装修对于大家来说，将不再是件难事。

为此，我们应该尽量找到更多的零碎空间、狭小空间和房间的死角。在东西一片混乱的房间中，即使挂上再奢侈、再豪华的水晶吊灯，也不会呈现出耀眼的光芒。

整理——区分需要扔掉的物品及可以循环再利用的物品

在开始装修房间时，应该将需要扔掉的物品、可以继续使用的家具，以及生活必需品区分开来。应该将最近两三年内没有使用的物品从触手可及的地方放到看不到的地方，或者干脆扔掉，并且将经常用到的物品放在眼皮底下。

如果想给墙壁贴壁纸或者刷漆，那在这之前就应该将房间里的东西都打包整理好。贴完壁纸或刷漆完毕后，再进行房间布局的设计。将房间中的家具摆放好，这样会使工程变得更加简单。也就是说，在装修某个房间之前，应该将整理好的物品，按照事先安排好的顺序摆放在房间里。在摆放家具时，应该先将床等大型家具按照之前的设计放进房间里，然后将小件的物品整齐地摆放进来。只有把堆积在别处的物品尽快搬进房间，才不会给家人的生活带来不便，也才能使装修这件事赢得家人的认同。如果因为装修一个房间而把物品连续好几天堆得到处都是，别说是支持，说不定会引起家人的强烈不满和反对。而且从装修者的立场来说，一直拖沓着不完成，也会逐渐丧失装修的勇气。

将用不到的物品果断地扔掉，对一些人来说可能有些困难，但装修房屋就应该做好这样的心理准备。我到现在还舍不得处理一些应该扔掉的物品，父母也经常为此责骂我。

如何尽可能省钱地购买基本的工具和材料

购买材料和工具时，应该尽可能节约。随着互联网的发展，我们足不出户就可以比较商品的价格。根据每个购物网站运营方针的不同，商品的价格也千差万别。在决定购买某种商品之前，大家一定要仔细地参考商品的性价比。如果我们付出了辛苦的劳动，结果却比委托装修公司进行装修花费了更多的金钱，装修的效果也远不如装修公司的，就只能埋怨我们自己了。

值得庆幸的一点是，我是一个天生胆小谨慎的人。正是因为这种性格，在买大型工具时，我经常谨慎地挑来挑去，顾虑重重。要是买了它不经常用怎么办呢？万一网上的图片跟实物不一致怎么办呢？太贵了吧……在苦恼中，我开始深入地探究这些工具和材料哪种比较好。

例如，我在玩了两年时间的木工游戏，熟悉了木工这件事后，才购买了大号的螺丝钳。像这种经过长久的热情和渴望之后而购买的物品，能让我对其更加珍惜，也成了我将装修进行到底的不竭动力。

与一次性将所有工具和材料购齐相比，只购买现在所需要的工具和材料，等进行到下一阶段后再去购买其他材料，能节省更多的金钱，也可以提高装修的完成度。也就是说，我们不必去购买现在用不到的电钻和钢丝锯等工具。

只要一次目光的聚焦

一次双手的舞动

和我一起

吸气……

虽简陋破旧

却备受珍惜的老房子

你做好

进去的准备了吗？

购买工具之前……

“我也想自己动手装修房子，可要从哪儿开始做起，准备哪些工具呢？”

很多人在博客上问过我这个问题。对于这个问题，我会反问他们：

“我上传的这些作业中，你做到哪一步了呢？”

提问者的回答基本都一样：

“到现在还什么都没尝试过呢……”

每当此时，我会这么劝说他们：

1. 准备一桶油漆和一把刷子，为家里最想翻新的一件小家具或小物件涂上颜色。

2. 准备一个锯，以及锤子和钉子，如果有条件可以再准备一把电钻。

我的文章不是为那些“我的经济条件还行，买两台电钻都没问题，不想自己加工木头，更倾向于直接在商店里购买半成品”的人写的。

自己动手装修的一个必要条件是要有色彩感。色彩感可以在翻新旧家具的过程中逐渐累积。而且在制作家具时，需要我们考虑到家具占用的空间，并画出草图。在此之前，我建议大家先用一些废弃或零碎的木料做一些小物件，增强木工的熟练度，然后再动手制作家具。

如果做完这些事情后，你有“我对这些很感兴趣，以后有信心一直做下去”的感觉，那么建议你仔细阅读下文中关于工具的介绍，并慢慢准备这些工具，开始装修。再有用的信息和知识，如果不变成自己的，也是没用的；再多的说明和详细的参考，也无法代替动手给墙面上漆、做木工、用锤子钉钉子、克服电钻的噪声等实际体验。

我们经常有着理所当然的想法，但实际上，只有亲自用锤子钉过钉子后，我们才会产生害怕的心理，也才能真实体验到电钻无法用手握紧是怎么回事。而且只有了解木箱的基本构造后，我们才能做好装修。这是不可否认的事实。

如上所述，我们应该主动熟悉装修中会用到的各种工具和材料。装修的关键不在于你拥有多少工具和材料，而在于你拥有多少热情和渴望。

木工，“DIY”所需要的工具

短锯 切削力较强，适合较为细致的切割。价格差异较大。

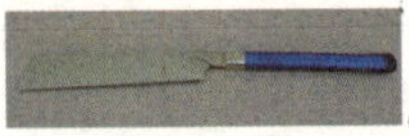

单刃锯 既可以沿着木头的纹理切割，也可以与木头的纹理呈直角进行切割。

刀锯（PlugSaw）用于切割较小的木材，以及切割挡住家具上的螺丝钉洞口的木头。

锤子 用于钉钉子或起钉子。

钢丝钳 主要用于切断铁丝或起钉子。

两用螺丝刀 兼具“一”字形和“十”字形刀头，是一种可以两用的螺丝刀。

凿子 用于在木头上钻洞或者开轧槽。如果将木工作为爱好，一般用不到这种专业性的木工工具。

尖嘴钳 可以在狭小空间内进行夹镊工作，也可用于起较小的钉子。

铁刷 用于打磨上漆后的表面，以做旧家具。也可用于打磨被焊枪烧焦的木头表面。

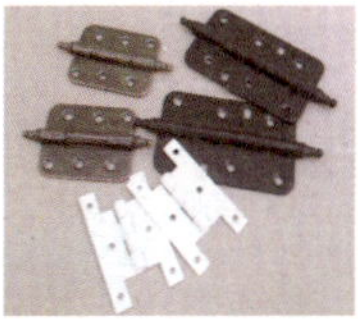

家具合页　连接家具两个部分的金属件。有很多种类和样式。

木榫　可替代螺丝的木制品。对于双重钻头钻好的孔洞，需要使用与最外圈大小一致的木榫。（例如3/8规格的钻头应使用8mm的木榫）

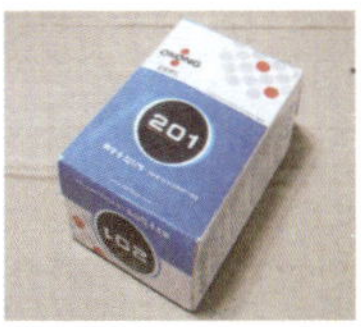

木工胶　易干速度决定了胶的价格。不过一旦将物品用胶粘贴，不管什么样价位的胶都会发挥良好的黏合力。

木粉填料　将有瑕疵或窟窿的木材制成粉烘干后，形成的材质与木头相似的粉末。

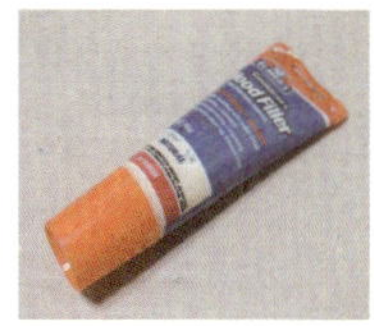

自攻螺丝　无须提前钻孔，就能使用的一种产品。螺丝的尖头可以洞穿和固定材料。

直角尺　用于画直角线或者木头结合时边缘角的吻合。

镀锌螺丝　与一般螺丝相比，镀锌螺丝的螺纹较大，且紧固性较好；镀锌螺丝也不会轻易生锈。

玻璃胶和玻璃胶枪　用于缝隙的密封。黏合用的玻璃胶须放入玻璃胶枪中使用。

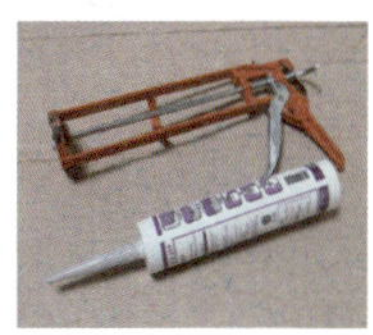

普通螺丝　用于紧固物品。适合用在有较大荷重的地方。

打胶枪　生活中从发卡的制作到墙壁的作业，都离不开打胶枪。

双重钻头　木工作业的必需品。使用双重钻头后，可以将螺丝帽隐藏在里面。只是将木工作为爱好的话，使用 3/8 规格的钻头即可。

水平尺　用于测量或检测挂在墙壁上的家具的水平度和垂直度。

钢卷尺　测量房屋或家具长度最常用的测量工具。

气焊炬　是一种利用丁烷气体作燃料的加热工具。在用烙桐法熏烧木头的表面时，经常使用该工具。

斜锯柜　可以斜着锯断木板。

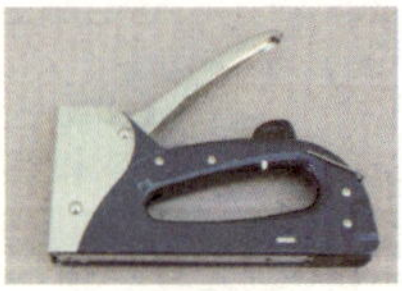

手动钉枪　办公用订书机的强力版本，多用于比较薄的木材、镜子背面等较薄的结合处。

铁剪刀　用于剪断较薄的铁板、马口铁或铁丝，也可用于修剪果树的树枝。

木工夹　用于固定零件等物品，也可用于夹紧相互黏合的两个物品。

磁铁碰珠 用于吸附厨门、柜门的金属产品。

砂架和砂纸 砂纸的粒度和型号越大，砂纸越柔软。打磨木头要用 80 ~ 100 目，打磨上漆后的墙壁用 220 目，打磨细腻的表面要用 320 目以上的型号。

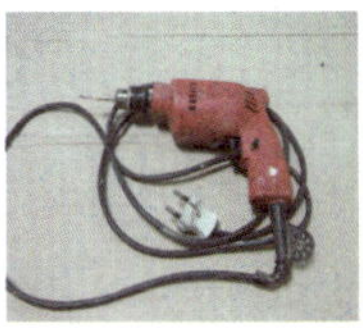

有线电钻 通过更换钻头，可以对木材或铁板进行钻孔。

充电式电钻 该款电钻没有电线，必须通过电池来获得电源，是木工的必需品。

冲击钻 用于对混凝土墙壁进行钻孔。

钻头 使用电钻对木材或铁板进行钻孔时，需要插上钻头。

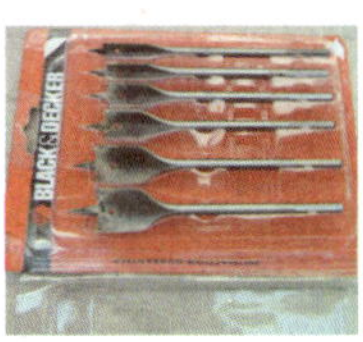

铲形钻头 对木材进行较大的钻孔时使用，如电视墙后的天线洞孔。

电动码钉枪 通过发射码钉来固定木材。有“一”字形、“C”字形等。

电锯 切断木材或对木材等进行曲线切割时使用。

电锯锯片 有直线锯片、曲线锯片、合金锯片、木工锯片等多种样式。将需要用到的锯片安装在电锯上即可使用。

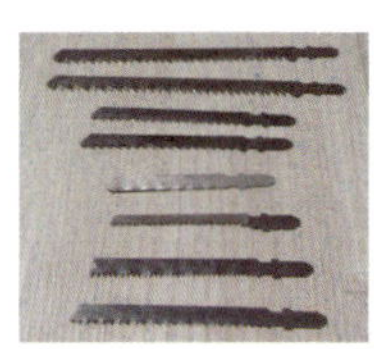

首先，“我想做跟你家一样的家具。请告诉我需要购买的木块的尺寸吧。”——我的家具很多都是由数十个木块组成的。如果告诉你，你会崩溃吧？即使是我，没有图纸的话，也没法把木块组合起来。

其次，如果想要真正体会到“DIY”的魅力，我认为应该制作“自己心目中的家具”，而不是“他人心目中的家具”。因此，我们应该亲自动手绘制图纸，制作用来填充房间空隙的家具。因为并不是每个人的房屋都有着同样大的空间。

第三，“我不会画画，所以真的画不出草图。请帮帮我吧。”——草图用脚都可以画出来，不过计算的时候一定要用手和计算器。

“DIY”的基本——

绘制收纳箱图纸和制作收纳箱

在本书中，我仅选取了我画的家具草图中的几个介绍给大家。理由很简单，我想让大家真正意识到“DIY”的基本概念。我认为，与其看他人根据房间空间打造的家具，不如在理解家具的基本构造和组合后，自己亲手打造合适的家具。

做家具的时候，最基本的一点是图纸。我的图纸是在将木工作为爱好自学，并且没有任何专业绘图工具的情况下绘制的。它是我用铅笔在笔记本上“唰唰”地画出来的。通过图纸，不仅可以掌握家具的样式，还可以计算出需要用到的木材数量。在刚开始画图纸时，我们需要提前计划好家具的设计或大小。我的家具大部分都是为了填充房间的剩余空间而制作的，所以在画图纸时是按照空间的大小绘制的。

绘制图纸

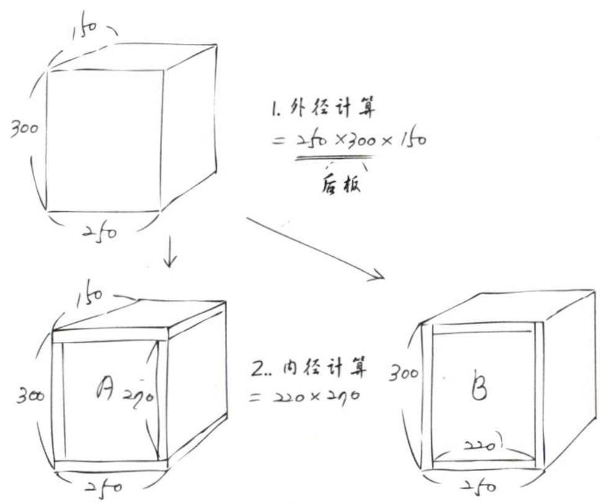

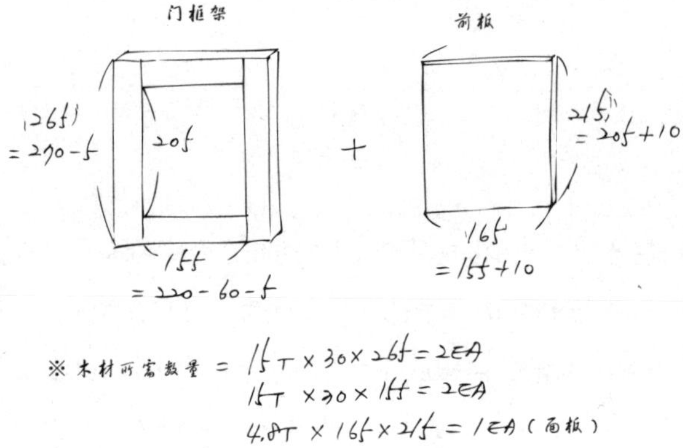

假设给一个长 260mm、高 300mm、宽 160mm 的空间制作家具，就应该稍微留一些空间，家具的尺寸大概为 250mm×300mm×150mm，这里的尺寸指的是家具的外径。还有一种情况是，基于要收纳的物品而制作的家具。这时候就要优先考虑内径的大小。如果计算外径，就需要先决定选用哪种厚度的木材。在上面的图纸中，我选用的木材厚度为 15mm。决定了木材的厚度后，再考虑 A 和 B 两种图纸（见上页图）哪种更合适。如果家具的顶部预备放一些比较重的东西，那么 A 就比 B 更加合适。即使外径相同，由于木板的组合方式不一，所需的木材数量也大不相同。

A 所需木材：厚 15mm× 宽 150mm× 长 270mm=2 张

厚 15mm × 宽 150mm × 长 250mm=2 张

厚 4.8mm × 宽 250mm × 长 300mm=1 张（后板）

B 所需木材：厚 15mm × 宽 150mm × 长 300mm=2 张

厚 15mm × 宽 150mm × 长 220mm=2 张

厚 4.8mm × 宽 250mm × 长 300mm=1 张

看似大小相同的两件家具，除了后板，其他用到的木材大小完全不同。因此在绘制图纸时，一定要记好外径、内径、木材厚度、宽度等数据，以防切割木材时出现失误。

通过这种形式制作而成的收纳箱是所有家具中最基本的一种。在狭长的箱子中放入搁板就变成了书柜、收纳箱……我们可以给它起各种名字。这时如果我们为它装上门，挂上腿，那么它就会变成别具特色的家具。

如果在绘制图纸时，内径的尺寸标注准确，就能够以此为依据，计算出门的尺寸。在上面的图纸中，箱子的门是内嵌式，所以为了使门的开关灵活，门的长、宽都留出了5mm的空隙。为了制作可以内嵌镜子的门框，我还绘制了上面贴有狭窄木板的四角形木板图纸。

这时需要计算门的内嵌框的内径，以及贴在上面的木板的尺寸。内嵌框的长、宽要比门的尺寸各小 10mm 左右。因此，当我们将想要制作的家具样式画出来后，只要确定好一个数据，其他数据就自动出来了。除了市场上出售的那种造型复杂的家具，通过绘制图纸，还可以轻松地制作出可以使用的家具。所以，一定要学会绘制图纸。

木材的订购

画完图纸后，就该订购木材了。木材在木工作坊或者网上的木材商店里就可以买到。购买前，只要告诉商家想要的尺寸，再多花一些做工费，就可以收到切割整齐的木材。

最近有网站推出了“木材代切割销售”的服务，只要顾客给出相关数据，商家就能计算出木材所需量，并代为切割好。如果只是购买少量的木材，这种方式可以极大地方便购买者。但如果购买的木材数量较大，由于这种销售方式不打折，而且切割产生的零碎木头也需要购买者来付钱，所以会给购买者带来较大的经济负担。因此，在制作大件家具、需要购买大量木材时，最好购买整块的木材。

目前来说，网上还是以出售整块木材的商店居多。完成图纸后，在整块木材上画上标记，我们就可以称之为二次画图。这种切割图纸的方式既可以节省木料，也能够增强“DIY”家具的趣味性。

操作方法

收纳箱之学习木工组合的基础

如果要将木工作为爱好，建议大家使用有线电钻和12V充电电钻！使用这两种电钻可以使钻孔作业变得方便快捷。

1. 这是买来的木板，木板已经按照事先设计的尺寸切割完毕。

2. 制作箱子的顺序为：ㄱ－ㄷ－ㅁ。将两块相邻木板组合好，形成“ㄱ”形。在电钻上装备双重钻头钻孔。如果不做这一步，木头就会容易断裂，所以必须做这一步。

3. 拧紧螺丝。在两块木板的接合处抹上胶水，会使木箱更加结实。

4. 做完“ㄱ”后，再加一块木板，形成“ㄷ”形。

5. 再翻过来，加上一块木板，形成“ㅁ”形。到了这一步，就已经向大家详细说明了制作家具的最基本步骤。

6. 组合后板时，后板应该遮盖住四周的木板，这样能使箱子更结实，不会出现收纳的东西从底部掉下去的情况。组合时，可以使用电动码钉枪来固定。

7. 钉子应全部使用无头钉，用锤子钉好。不要总觉得：“我没那么多工具，所以不大好办呢！”只要有热情，你一定可以做到。

8. 后板做好后，漂亮的收纳箱就完成了。

既然如此，把箱门也做了吧！

1. 从门框开始，在木板与木板相交处涂上木工胶。2. 组合成喜欢的样式后，用手动钉枪暂时固定住。将门框放在经水平尺测定出的十分平坦的地面上，然后等待胶水干透。大约需要4个小时。3. 虽然用木工夹效果更好，但木工夹价格昂贵，所以建议大家在熟练使用手动钉枪、有能力制作柜子时，再去购买木工夹。4. 门框做好后，贴上前板。图纸中的该前板要比门洞往外多出1cm，这样可以更好地在上面钉钉子。5. 将其翻过来便是箱门了。用220目的砂纸细细打磨。6. 给箱门安装上合页。

1

2

3

4

5

6

● 做好箱门，我们的收纳箱就制作完毕啦！将箱子的尺寸再做大些，或者在里边放一些搁板，就会成为漂亮实用的收纳箱了。

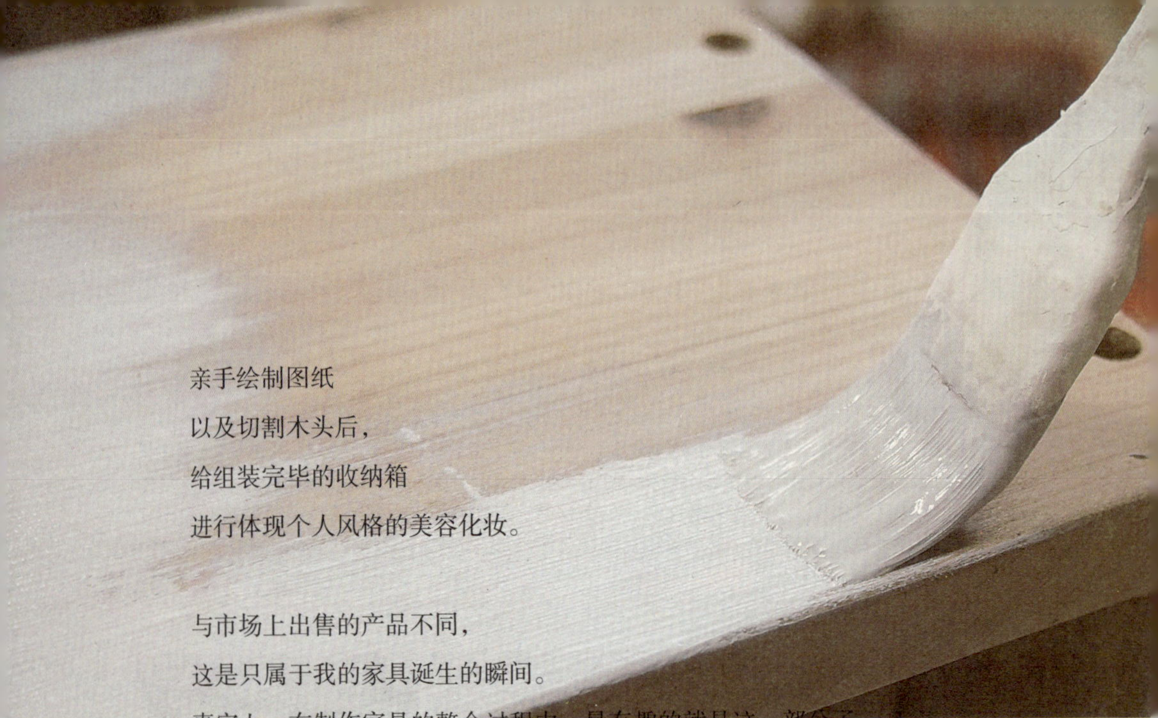

亲手绘制图纸
以及切割木头后，
给组装完毕的收纳箱
进行体现个人风格的美容化妆。

与市场上出售的产品不同，
这是只属于我的家具诞生的瞬间。
事实上，在制作家具的整个过程中，最有趣的就是这一部分了。

“唰唰唰”，
就像在展开的画纸上尽情画画似的。
沉浸在艺术中的我，虽然在别人眼中像小孩子在涂鸦一样，
但任何人都无法阻止我心中的热情。
不管多少年过去，
“挥舞双手”的情景，
在我的眼中，
仍然是无与伦比的美丽！

刷漆所需要的材料和工具

平头刷 有多种规格。主要用于家具、桌子等面积较大的地方。推荐大家使用弹性好、脱毛少的刷子。

斜头刷 刷子的顶端是斜的，这样可以刷到平头刷不易刷到的角落。

宽刷 对于不是太宽的地方，可以一次刷下来。

海绵刷 适合用来刷油性油漆或油画颜料，也可用来对位置偏僻的拐角处刷漆。

滚筒 可以方便快捷地对墙壁等面积广阔的地方进行刷漆。

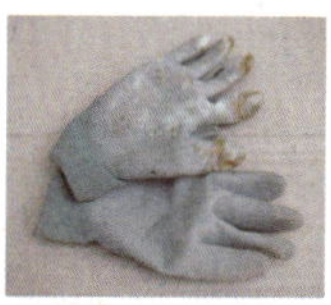

涂胶手套 在刷漆时戴上能够保护双手。

打蜡专用手套 在给涂有家具用蜡的木材表面抛光时使用。也可以用柔软干净的棉布来代替。

海绵 将其浸上绘画颜料后在木材上涂抹。考虑到省钱，使用时可以切成适当大小。

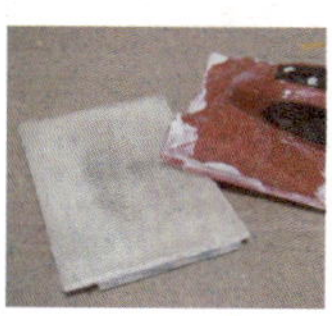

底漆磨边机和毛刷 适用于对窗户拐角、墙角等地方进行刷漆；也可以购买毛刷对刷不到的地方进行补刷。

塑料膜 & 胶带 将其覆盖在不刷漆的地方，可以使刷漆更有效率。

油漆盘 与滚筒配合使用，能起到节省油漆的作用。

一次性包装容器 给小件家具刷漆时，经常出现油漆滴落的现象。希望大家能将这些油漆收集起来，循环利用。

家具用蜡 是一种涂抹在实木上，保护木材的固体涂抹剂。有较好的防水功能，与清漆相比能更好地呈现实木的质感。

底漆 帮助提高面漆的附着力，使面漆发挥最好的效果。等已经上蜡的家具或用过清漆的墙壁完全干了后涂抹。

水性漆 以水为稀释剂的漆。它不会像油漆那样散发出刺激性的气味。而且具有易干的特性，使用起来十分便利。水性漆有墙壁用、家具用、特殊用等种类，价格差别也较大。

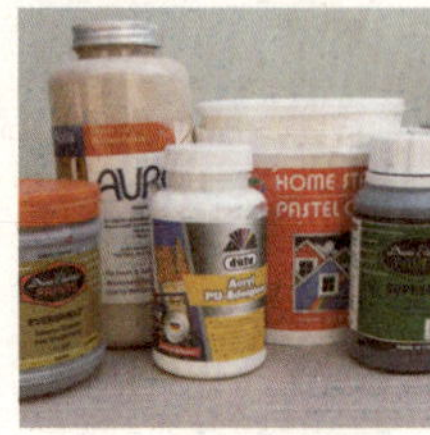

特殊油漆 有能够给人以家具裂开了的感觉的油漆和给人以生锈了的铁板般感觉的油漆等很多种类，是一种干燥前极易溶于水的水性漆。

水性漆专用调色剂 掺入少量白色，就可以调成淡雅的颜色。即使掺入少量，也能发挥良好的着色效果，因此在调色时每次加入的量一定要少，并分多次加入，直至调出想要的颜色。

水性清漆 为了防水和防污染而使用的一种透明产品。涂抹干燥后，可以直接在家具上用湿抹布擦。有无光、低光、优光等几种光度可选择。

水性木器着色剂 如果说水性漆是不透明的涂色剂，那么着色剂则是透明的涂色产品。想要隐隐呈现木材纹理的时候，可以使用该产品，较少的量就能涂抹很大的面积。

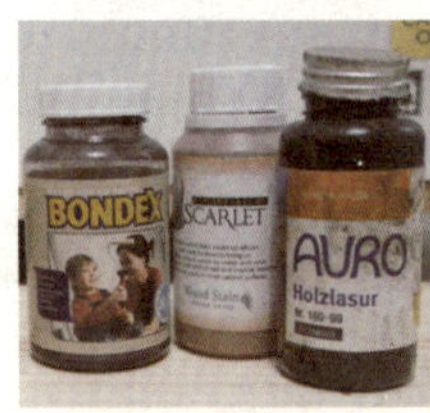

油性木器着色剂 主要用于浴室家具或露天的长椅等会暴露在水汽中的家具。与水性木器着色剂相比，它有着强烈的刺激性气味，而且不易干。

家具用木蜡油 是一种功能与家具用蜡相似的液态家具保护剂。在这里向大家推荐用由纯天然植物制作而成的木蜡油。

收纳箱——刷漆、做旧的技巧以及美化

操作方法

1. 将箱子上的合页取下来后开始刷漆。对小件家具刷漆时最好使用 1 英寸左右的宽刷或斜头刷。用一次性包装容器作为调色板，可以节约油漆。

2. 如果喜欢水洗脱色的感觉，只需要刷一遍漆。刷漆后用棉布轻轻擦拭，直至隐隐呈现出木头的纹理为止。在照片中，我刷了两遍漆，以使颜色鲜明。

3. 箱门的双色刷漆。首先刷一遍暗色调的油漆，再刷一遍亮色调的油漆，这样强烈的明暗对比，

能使复古做旧的效果更好。照片中我正用海绵在上面涂抹有透明度的水性漆。为了使明暗对比更加鲜明，我在木器涂料中混合了黑色的着色剂，使颜色变成了黑褐色，并涂在了箱门上。

4. 等涂料风干后，用 220 目的砂纸将箱门的表面打磨平滑。以棱角处为中心，涂抹家具用蜡或普通的蜡烛。这样可使亮色调的油漆轻易脱落。因此，只在想用亮色调油漆脱落的地方涂抹就可以。

5. 刷亮色调的油漆。先刷一遍亮色调油漆，等油漆干燥后再涂抹第二遍。通过这样的方式刷漆，直到箱门上看不出黑褐色的油漆为止。一般刷到第三遍就可以了。

6. 等到亮色调油漆干后，用 100 目的砂纸打磨涂有蜡烛或家具用蜡的地方。亮色调的油漆除掉的部分，会呈现出因破旧自然掉漆的效果。我们也可以用刀的背部或塑料尺等工具刮掉油漆。现在，做旧的箱门就完成啦！

美化非嵌入式平板箱的箱门！

此时，

正处于冬去春来的时节。

这个箱门的木料是密度大、比较结实的桦木胶合板，

它是一种由 CNC 加工，在上面雕刻上了脸的形状的板材。

它比一般的嵌入式箱门要贵，平时我是绝对不会用的……

这是一种特殊的箱子。（CNC 加工——蓬蓬的家具故事）

春日的少女，充满了梦幻般的气息！

刷漆时，我在粉红色的油漆中加入了白漆！

1. 为了在梦幻风中加入自然元素，我将一块圆形的桦木从中间截断。2. 箱门上钻孔，用螺丝将半块桦木固定，固定时不要太紧。3. 这块桦木既可以作为把手，也能够作为装饰。4. 既然做到这儿了，我们再给脸部化化妆吧！将化妆笔在不掺水的杏黄色油漆中蘸湿后，在干毛巾上擦两下，然后轻轻涂抹在眼睛下方，像抹腮红一样呈现出少女娇羞的面貌。涂抹时，中间的颜色要深一些，两边的颜色要浅一些。要注意，涂抹前化妆笔上油漆的量要尽量少。也可用亚克力颜料来代替。5. 为了标示出“这是我做的”，我们可以做一些点缀。比如用模板制成的手工制品，包裹纽扣……不管怎么样，少女风就出来了！ 6. 用油性笔添上点儿雀斑后，“给我做的家具化妆”这件事就完成啦！

1

2

3

4

5

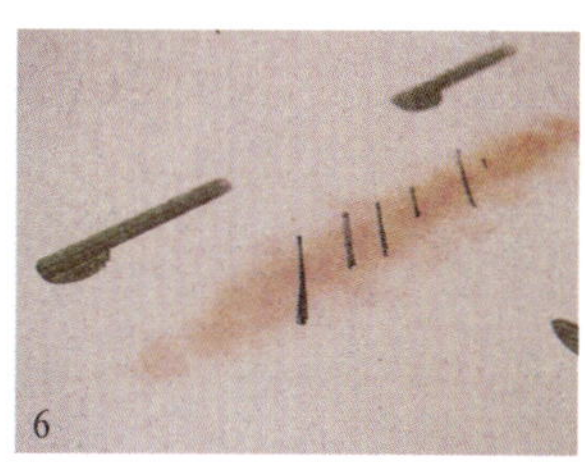
6

奶奶传下来的
这件针线箱因为太旧了，
所以妈妈又给它刷了
一层白漆用了一辈子，
也许以后我老了
还会把它传给女儿吧！
上面破旧的油漆
簌簌
掉落的老物件……
当厌倦使用了很久的
物件或家具时，
我会拿出油漆来。
“唰唰唰……”
慢慢地，刷一遍后再刷一遍……
认真花费几小时来刷漆，
再将一些地方的油漆擦掉，
一件做旧家具就完成了！

用刷漆进行的双色做旧技巧

就像从复古家具店购买回来的一样，
散发着生活气息的
做旧小物件——
只通过刷漆
就可以收获这种感觉。
以前的我会因为想买小物件，
所以在商店里徘徊。
现在却为了研究怎样做出不同感觉
的小物件而在商店里徘徊。
店主要是能看透我的内心，
肯定会对我另眼相看吧？

操作方法

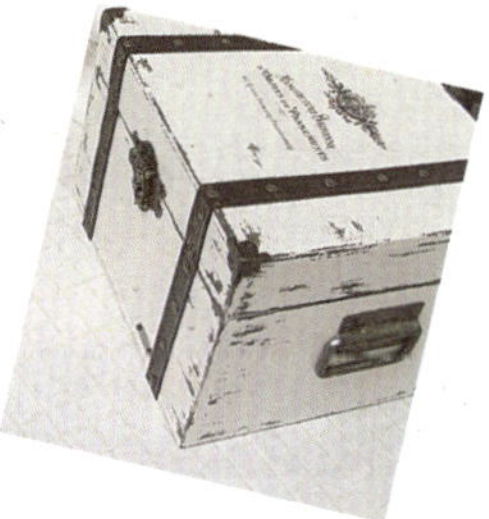

1. 先做好两个外径相同的“口”字形构造的箱子。较深的那个作为箱体，较浅的作为箱盖。
2. 在较深的箱体中左右相对、位置相同的地方各安装一个木条，使箱体能放进一个木盘，构成双层收纳箱。
3. 给两个箱子做上底板，以完成箱子的制作。

因长时间使用而留下岁月痕迹的物品……作为在现代难以买到的物品，
由于它独一无二的稀有性，使得这种复古类的物件价格十分昂贵，
这个事实让我大吃一惊。
我迅速地平复心情，然后开始刷漆自己动手制作家具。

4. 在水性木器着色剂中掺入黑色调色剂，调制出黑褐色的暗色调油漆。5. 在需要脱漆的部分涂上蜡烛或家具用蜡，再用白漆给箱子刷漆。为使白漆完全将黑褐色漆覆盖，要反复涂抹 2 ~ 3 次。6. 等到白漆完全干后，用 100 目的砂纸打磨涂有蜡的地方，使白漆呈现出因破旧而脱落的样子。7. 在皮夹克的胳膊部位剪取适当的皮革。8. 在长长的皮革中间用画粉画出一条直线，沿直线缝上线，再涂抹一层工业用黏合剂。将皮革的两边向里侧折起，制作成皮革条。9. 为做出复古的感觉，准备好装饰用图钉。如果感觉图钉过长，可以用钢丝钳剪断部分。10. 将皮革条绕在箱盖上，图钉按照一定间距固定在上面。箱体也按照同样方式进行装饰，制成皮箱的样式。

看起来十分复杂，
但做起来会发现，这是一种构造简单的收纳箱。
利用油漆和图案模板印制，我们可以根据自己的想法，
制作只属于我们自己的宝箱。

11

12

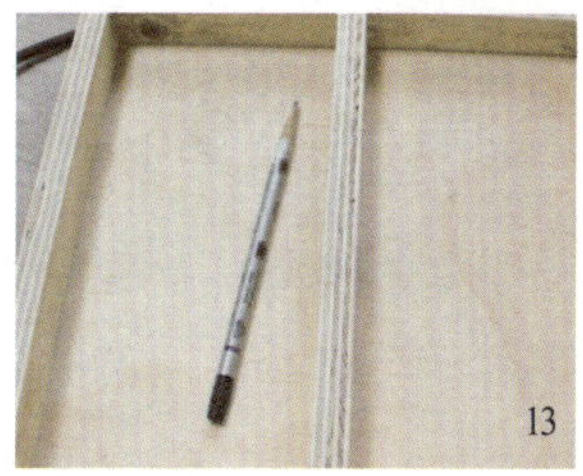
13

14

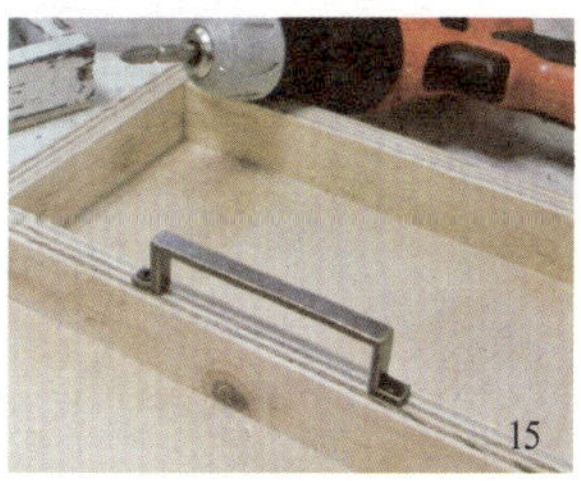
15

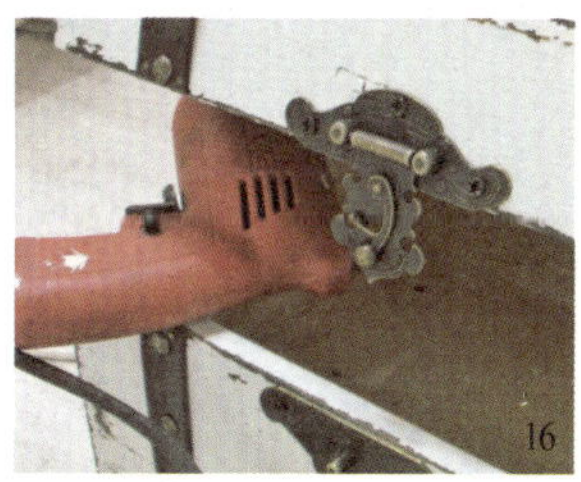
16

11. 在箱体上用模板做图案。12. 在箱盖上用固体胶粘贴复古风的文字图案后，用清漆涂抹一遍。待清漆干后，将纸质部分进行过塑处理。这样做可以防水。13. 制作可以放进收纳箱的托盘。利用较浅的美国松胶合板按照“ㄱ－ㄷ－ㅁ－日”的顺序做好。底板使用 4.8mm 的美国松胶合板。14. 用砂纸打磨后，再涂抹一层家具用蜡，进行过塑。15. 为使托盘容易拿出，再安装一个拉手。16. 安装合页，并在箱盖的正前方安装一把古色古香的锁。17. 一个大空间的双色做旧复古风收纳箱便完成了。也可以把它当作药箱使用。

17

模板

图案模板印制　将文字、花纹和图画等镂空剪切下来，在镂空处涂抹颜料以做成图案的方法。

利用图案模板印制，我们可以将各种各样的花纹和文字印在纯棉 T 恤上，

或印在靠枕或枕头等家居品上，

还可以将喜欢的花纹和文字印在实木小物件或家具上。

只要你想，任何地方都可以！

图案模板印制

所需要的工具和方法

图案模板印制所需要的工具

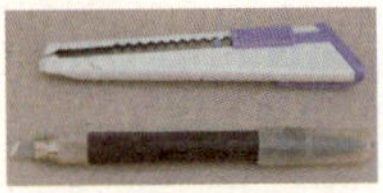

壁纸刀 & NT 刀（美工刀） 用于裁剪图案模板。其中有一种圆珠笔形的美工刀，可以将图案剪切得更加简单细腻。

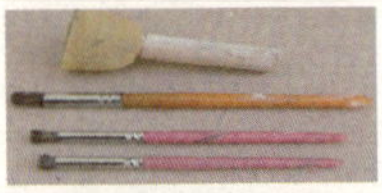

图案模板印制专用刷 & 图案模板印制专用海绵 用于蘸颜料进行涂抹的刷子。由于笔的顶端齐平，刷子的毛较为坚硬，所以主要用来蘸颜料，而不是涂抹颜料在刷子上。

亚克力颜料 用水稀释后使用，干燥得很快。干燥后会形成一层坚硬的保护膜，不褪色、不龟裂，质感与油画类似。

亚克力颜料辅助剂 是一种亚克力颜料用的辅助剂。掺入和亚克力颜料相同的量，就可以得到别致的印制品。使用时一定要用在植物纤维上，做完图案模板印制后，需要经过热处理。

切割垫 由橡胶制成的铺在图案下面的垫子。

模板图案 可以印刷在纸、家具、布料等多种素材上的图案。被印刷的表面应该平滑，才能得到干净的图案。对于自己设计的图案，可以将其打印在纸上，剪切下来使用。

操作方法

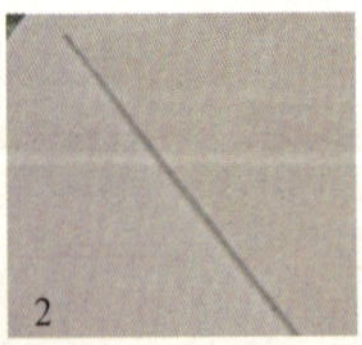

1. 在 A4 纸上将图案打印出来。在网上可以搜到各种各样的图案。2. 在 A4 纸的背面贴上透明胶带，这样可以使图案长时间保持不变形。3. 用普通的壁纸刀或美工刀将图案的黑色部分去掉，这个过程需要有耐心。4. 将完成的图案固定在想要印制的物体上，用专用刷子蘸取少量亚克力颜料后，填充镂空的部分。使用亚克力颜料时，最好不用水稀释，应尽量使用原液，以防止颜料洇开。5. 在镂空处仔细蘸满颜料后，将图案取下来就行了。

出发吧，
像仙境中的爱丽丝一样……

背起这个包
就好像要大踏步
向着未知的世界
出发一样。

当亚麻布和图案模板印制相遇时……

与华丽相比，我更喜欢朴素。
与复杂相比，我更喜欢简单。
与人工痕迹太多的美丽相比，
我更喜欢自然之美。
自然的感觉，
真的很喜欢！

做旧风和自然风之间——

烙桐法

小时候的外婆家
总是充满木头烧焦的味道……
一到傍晚，家家户户都升起了炊烟，
将整个村庄包裹其中。
怀念小时候场景的我，
不禁捡来木块回到院子里，
将木块用火柴点燃……
并在回忆中向思念的人问好。

外婆，您好！您过得好吗？

传统的木工工艺中，
有一种烙桐法。
字面意思指的是“将梧桐树放在火上烤”，
即烧烤木头的表面，
将烤焦的不结实的木头表面刮去，
将烤得十分坚硬的部分留下的方法。
在这个过程中，
木头的纹理会更具立体感。
烙桐法强调留有岁月痕迹的古旧感，
以及木材天然的纹理感。
使用烙桐法可以打造出
环保雅致的小物件和家具。
只要有一台电烙铁，
在家里也能轻松挑战烙桐法。
曾经有一段时间，我狂热地喜欢上了这种感觉，
整夜坐在院子里，
沉浸在木头烤焦的味道中。

使用烙桐法完成的物品

像小时候玩的过家家游戏一样……
这个地方让我的梦想
如同色彩斑斓的彩线般
逐渐汇聚，实现。

操作方法

1. 只有实木和集成实木才能使用烙桐法。烙桐法作用在杉树、云杉、松树等木材上，才会出现漂亮的纹理。用电烙铁贴近木板表面烧烤，烧烤程度以木板表面有轻度的龟裂为宜。

2. 这是被烧焦的木板。我使用的木材是杉树。

3. 用铁刷打磨烧焦的表面。去掉烧坏的部分，露出纹理鲜明的表面就可以了。

4. 可以在小区的五金店中购买到各种各样的铁刷。

5. 在打磨干净的木板表面，涂抹一层家具用蜡。集中对纹理鲜明的部分进行涂抹。也可以用普通的蜡烛来代替家具用蜡。

6. 接下来，用喜欢的油漆颜色刷 2 ~ 3 次，以将底色完全覆盖。为了突出木材的纹理，最好使用颜色鲜亮的油漆。

7. 等油漆干后，用 100 目的砂纸对纹理处进行打磨，去掉外边的油漆，使纹理显露在表面。

1

2

3

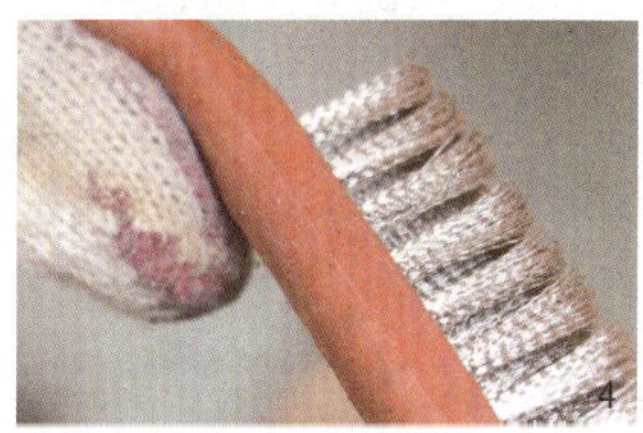
4

5

6

7

我有这样一个梦想，
等到了步履蹒跚……
有着充足时间的晚年，
我要做一个巨大的衣橱……
把它拉到院子中，将它的表面烧焦并打磨好。

我相信这个梦想，
一定会实现。

现在大家已经不会一起坐在
昏暗破旧的客厅里了。
已经成年的子女们开始长时间宅在属于自己的房间里，
只有年老的母亲独自坚守在黑暗的客厅里。
因为位于客厅的电视机，
是她唯一可以用来打发时间的东西。

我经常在博客中把改造老房子的过程
称作“希望”。我想为“失去沟通能力”的家人们，
把破旧的客厅打造成
能够坐下来一起聚会聊天的空间；
同时，我想把过去浑浑噩噩的 10 年岁月累积的
所有忧愁和委屈都赶走。

为家人准备的电视剧

——装修出如电视剧场景般的客厅

我选择的颜色是白色系中明快的奶白色。
把暗红色的木板式墙壁
用刷漆的方式换成奶白色，使整个客厅变得明亮宽敞，
刷漆工程是“DIY”装修的入门课程。
对只在网上乱逛，没有实际操作经验的我来说，
真的需要莫大的勇气。
通过这一点也可以看出，
我已经对这个家的装修厌恶到忍无可忍的地步了。
尽管家人极力反对，
也没能阻止已经下定决心的“金固执”。
我拜托家人，
不必给我哪怕指甲盖般大小的帮助，
只求他们静观其变、
给予我理解就可以了。
于是在家人生活的空间里，
我开始自己整理行李……打扫房间……
当来回拉动着大件的家具，给墙壁刷完漆的时候，
兴奋异常的我，
在经常浏览的论坛上，自豪地上传了拍下的照片，
结果出乎意料。
帖子下面的回复不是“你真棒”、“太厉害了”等赞语，
而是“你把那边墙壁上红色的挂钟处理下吧”，
“客厅绿色的装饰柜真是太奇怪了，把那个顺便也换个颜色吧”等等。
我深刻地感受到，
这个老房子不只是旧，
它整体就是一个古董。
从那时起，我便开始无休止地独自战斗。
然而在这个过程中，
我获得了超乎想象的结果。

家人开始将目光转向每天“咚咚”敲个不停的我，我的每一天都成了他们讨论的话题。我的装修工程让他们开始了短暂的讨论，并且渐渐地，他们重新拾起了对彼此的关心。

也许从这个时候开始，这个客厅就充满了家人的欢声笑语吧！

我把客厅里母亲那张红色的圆桌换成了能放置滚烫石锅的收纳式饭桌；把红色的圆桌搬离了客厅，当作母亲的化妆台；玄关狭窄得似乎只能容纳一个人，我为胡乱堆放在玄关的鞋子准备了一个多功能柜子；我将父母卧室中堆放的洗脸用毛巾拿出来放在客厅，并且将母亲的旧家具刷成了白色，赋予了它们新的生命。

昏暗破旧的客厅一天天慢慢地变得明亮干净。对于使房间变得愈来愈狭小的花草，我为它们打造了收纳空间，使它们成为了我的装修中不可忽视的美景。

在这个一寸都不能浪费的狭窄的家中，玄关多功能柜子有着三种用途，即收纳经常穿的鞋子，收纳园艺工具等生活用品，以及作为冬季花草的避难所。

考虑到悬挂在搁板上的花草冬季需要阳光的照射，这里便成为了它们的避难之地。在没有阳台的住宅中，唯一有阳光洒进来的玄关成为了这个家最珍贵的地方。

我为挂在玄关上的那个破旧的对讲机制作了兼具搁板功能的对讲机收纳箱，将对讲机隐藏在里面。同时为在桌子上随意散落的信件制作了邮箱，把信件整齐地堆放其中。

我跟家人约定，外出归来，要将鞋子整齐地摆放在鞋柜中。

在固定的地方放置物品这一约定，我的家人现在已经自觉遵守它了，我翻新的这些家具也开始发出耀眼的光芒。

正对着玄关有个一十分难看的电表箱。

在电表箱上，我制作并挂上了一个普罗旺斯风格的护窗。在装修风水学中，玄关的作用十分重要，所以我在护窗上准备了漂亮的装饰用花。当然，安装护窗时，我也注意到了护窗绝对不能妨碍到走廊。

再加上那些分布在玄关周围的兰花和多肉植物，为整个房间营造了温馨的氛围。这些小物件虽小，却承载了我的希望。

真正让我体会到我的努力没有白费的一件事是，

我的小气鬼弟弟为母亲买了一台“LED”电视作为礼物。

他笑着说：“现在我们家用‘LED’电视也比较搭了！哈哈！”

谈笑间，整个家中充满了幸福的味道。

在安装了大屏幕液晶电视的客厅里，

家人开始经常聚在一起，叽里咕噜……

我们坐在一起，分享观看电视剧的感受，

一起流泪、愤怒、高兴和幸福。

昏暗的客厅里，

最终发生了我做梦都想象不到的事情。

年老的父母积攒下来的

旧家具

在年青一代的

我们的双手中

焕发出明亮的光彩。

那些暗淡破旧的家具，

变得高贵典雅，

复古味儿十足，

成为在客厅的各个角落

绽放美丽的主人公。

对于家人共享的空间——客厅，
我的看法是，
它应该是充满温暖的空间，
它应该是一个美丽的空间。
如果打一个比方的话，
客厅应该是有着美丽妆容的
新娘的脸蛋。

将白色作为主基调的客厅，
就像是涂抹了“BB”霜的新娘的脸蛋一样，
各个角落选取的颜色都是不夸张的色调。
黑色厨房门的周围
是狭窄的客厅里最能体现色彩搭配的空间。
我认为在这里，即便有多种颜色搭配在一起，
也不会显得混乱。
装修前，房间里到处都是相框，
我把它们统一刷成黑色后，
放在了一面墙壁上。
与之前复古风十足的设计相比，
这样的设计更让人惊艳……

在这个破旧的家中，
我不停地在思考和研究。
只需动动手，
房间就会发生惊人的变化，
让我感觉就像是遇到了一个
听话的学生一样，
心情很好。

客厅现在看起来比以前宽了三倍以上。
这是我拓宽了收纳空间的结果。

在装修房间之前，如果我们整理好四处乱放的东西，
那么空间自然而然会变得干净漂亮。
通过给房间变换颜色或添加一些小物件的方式进行美化实际上应该处在第二位。

因此在装修客厅时，
与过分整洁和时尚的感觉相比，
我更喜欢充满生活气息的雅静感。

拯救年代久远的单独住宅
——斑驳的墙壁

我们国家单独住宅的特色之一便是
光溜溜的暗红色木板墙壁。
只有在广阔的空间里，
才能呈现出这种墙壁的美丽。
在狭窄的空间里，这种墙壁则让人感觉很憋闷。
但我们也不能因为这个就把所有的墙壁都拆了重建。
建造的时候，工人们费尽力气把墙上都贴上了暗红色的木板，
怎么能因为颜色不好看就这么拆掉呢？
所以我准备了几桶油漆。

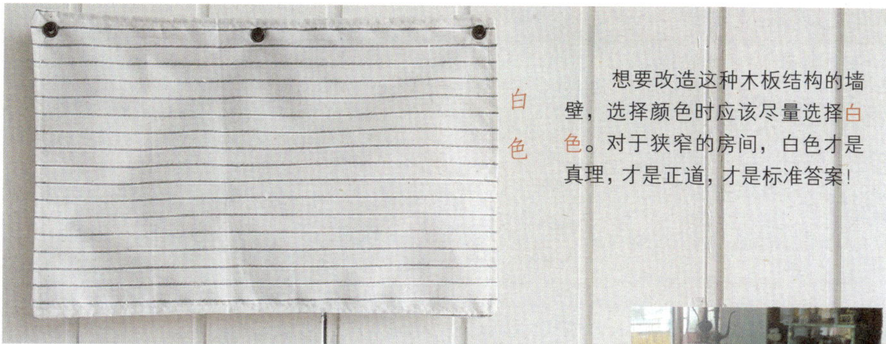

白色

想要改造这种木板结构的墙壁，选择颜色时应该尽量选择白色。对于狭窄的房间，白色才是真理，才是正道，才是标准答案！

这是杂乱无章的装修前的家

在我心中，漂亮的“DIY”装修处于第二位。我渴望的第一位是给所有的物品寻找到归宿，清扫起来有清扫样子的客厅。让大家坐在客厅吃饭的时候，能够时刻保持愉快的心情。

经过几个月对客厅的思考和考察，我得出的结论是：首先要进行一次大扫除。于是在元宵节快要来临的时候，我一直忙着大扫除。为了把家具挪走，以便翻新墙壁，我投入到了“万里长征”中。

在做这项工程时，我还没有一台像样的相机，也没有想过将来有一天会出书，所以当时拍的照片并不是很多。

给墙壁刷漆的过程：第一步，一定要打扫干净。用湿抹布仔细擦拭，直到露出清漆特有的光滑感为止！清扫完后给墙壁涂一层底漆。由于木制墙壁的木板十分狭窄，所以我使用的刷子是 1.5 寸的斜头刷。

刷完底漆后，等待 12 小时，使其自然晾干，然后开始正式刷漆。一般来说，刷漆需要 1 次底漆和 2 ~ 3 次面漆。涂抹完后墙壁表面有些粗糙，很容易变脏，所以必须再涂抹一层清漆。刷过一次清漆后，我家的墙壁到现在防水性还很好。

即使是同样的家具，
也会因主人经常使用
而同主人共同成长。

改造木板墙壁这项工程
与技巧没有任何关系，
它需要的是人的韧劲和毅力。
我使用的 4 升油漆是包括运费在内共计
15000 韩元（折合约 90 元人民币）的
三和墙壁专用油漆。
如果条件允许，
请选用质量更好的木材专用油漆吧。
那样的话，只需要刷两遍漆，
同样可以使墙壁变得干净漂亮，
而且没有必要再去刷一遍清漆，
就可以获得很好的防水效果。
在我翻新的家具中，
大部分都是只使用了油漆，
就赋予了它们新的生命。
我个人向大家强烈推荐
美国“涂酷 Dunn-Edwards”墙壁及家具
专用漆。

关于客厅，我的看法始终如一。
我希望它是能吸引家人聚在一起的地方，
是充满家人欢声笑语的地方，
是偶尔也会比卧室的床更舒适的地方。

过时的沙发，用油漆制作新的家具

在有着年迈的父母和
一儿一女
共同生活的
这个老房子里，
到处都是跟房子一样久远的家具。
尽管这些家具
在过去身价昂贵，
但还是抵不住岁月的侵蚀。
沙发上经历了岁月磨砺的黑色扶手，
粉红色的坐垫和靠背垫，
已经失去了生机和魅力。
看到它，
就让人忍不住叹气。
它是让本来就很狭窄的家
看上去更窄的罪魁祸首。

我只准备了一桶水性漆，
以及相关的一些材料和工具。
只是给沙发换颜色而已……

现在的它完全变了样子，
正在向人微笑。

操作方法

1. 将沙发打扫干净，去除上面的杂物。用湿毛巾擦拭后，取下所有的坐垫和靠垫，准备刷漆。2. 先涂抹一层底漆，以使面漆吸收得更好。只刷一遍底漆，等待它自然风干。3. 底漆完全干后，再开始刷面漆。刷漆时，狭窄的地方用刷子，宽阔的地方用滚筒。反复进行刷漆—干燥—刷漆这个过程，直到原先的颜色完全被覆盖。4. 只用白色的油漆，就让古朴陈旧的沙发变身成了优雅奢华的普罗旺斯风格家具。

现在，我们来给漆黑的、经常积攒灰尘的沙发底部制作收纳箱，怎么样？

1. 准备的木材有长宽均超过25cm的木板和4.8mm的美国松胶合板。这些在小区的五金店就可以买到。2. 用220目的砂纸将木板全部打磨光滑，然后切成适当大小。在截断这种有点儿厚度的木板时，最好使用斜锯柜。3. 将木板制成“口”形的框架。用电钻钻孔，并安装上木工用螺丝。4. 用美国松胶合板作为底板，刷成白色。将“口”形框架和抽屉的前板用水性漆粉刷。然后放置在一边，等待它们充分干燥。5. 将美国松胶合板安装在风干后的框架上面做底。那时我还没有购买双重钻头。6. 用图案模板印刷的方式给抽屉的前板印上漂亮的图案，印制时使用不会洇开的亚克力颜料的原液。7. 将前板装在抽屉上。安装时，应该将螺丝钉安装在里面看不到的地方。8. 用螺丝把前板和框架连接起来。9. 给底板装上滚轮。因为沙发底部的空间不算大，所以我制作的收纳抽屉很浅。如果你家的情况正好相反，可以给一个大的收纳箱挂上滚轮，当作沙发底部的抽屉式收纳。10. 在前板上根据自己的爱好安装一个合适的拉手，这样充分利用死角的收纳抽屉就完成了！

轻松
挑战沙发罩

暗红色老式的沙发
虽然变身成了白色的普罗旺斯式沙发，
沙发的底部也安装了漂亮的收纳抽屉，
但是我仍然觉得这个沙发
有 20% 左右的不足之处。
那就是更换使用时间超过十年的沙发罩
的费用
过于昂贵，因此没能换成。
在望着红色的沙发罩
不知如何是好的那些天，
我突然在网上发现了
价格低廉、颜色淡雅、
每件只需2500韩元（折合约15元人民币）
的原单布料！
只要会用缝纫机缝直线，
任何人都可以向沙发罩发起挑战。
为了与沙发白色的扶手搭调，
我制作了这件浅色沙发罩。
每当看到它的时候，我总在感叹
“那是我做的啊！”
内心充满愉悦自豪之情。

虽然这不是常见的做法，但却是一个很有用的方法。尽管不能媲美专门商店做出来的沙发罩，但只要布料选择对了，花25000韩元（折合约150元人民币）就能做一个三人沙发的沙发罩——根据自己的喜好，选择布料制作而成的独一无二的沙发罩！

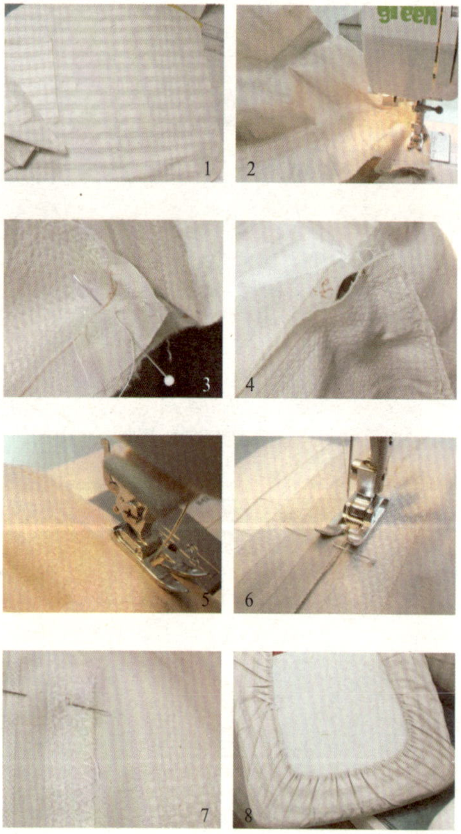

操作方法

1. 首先测量出沙发坐垫的长度和宽度，剪切时留出1cm左右的边缘，以便缝合。将四角弄得圆一些，用尺子测量沙发垫的厚度。然后将“厚度＋约10cm＋包裹松紧带的布料＋缝合所需布料”计算出来作为宽度，以之前剪切的方形布料边长作为长度，用剪刀剪裁出来，再将剪切下来的该布料，与最先剪切下来的四方布料合在一起，便将坐垫包起来了。

2. 用定位针将两块布料固定住，然后直线缝一圈！缝线时，要在回到离出发点5cm前停住。

3. 将第二块布料的两边用线缝合起来。

4. 将两块布料重合部分的最边缘缝合好。这时，两块布料便完美地结合在一起了。

5. 缝合各个边缘的时候，都要用“之”字形缝合。“嗖嗖嗖”，“之”字形缝合好了！

6. 接下来是做包裹松紧带的部分。将布料往内侧折叠，用定位针固定后，以“之”字形缝合一圈。

7. 缝合包裹松紧带的部分时，不能全部封死，要留出一个小孔，将松紧带穿进去，然后两端系紧。

8. 套在沙发垫上，为避免沙发罩过松易掉，要将松紧带系紧。

只能容纳一个人的空间

为狭窄的玄关制作多功能柜子

玄关处变得整齐干净了。

以前看到玄关，就会有一股莫名的烦躁感。于是我决定制作一个多功能柜子，使入口处杂乱无章的鞋子摆放整齐，随处乱扔的小物件有地方收纳，冬季时室内避难的花草有一个栖身之地。

操作方法

制作时，先做好两个“目”字形柱子，然后用木板将两个柱子的上方连接起来，形成一个框架。遗憾的是，我已经找不到当时制作这个“旧石器时代”作品过程的照片了。大家可以参考制作收纳箱的过程。如果到手工作坊购买这样的一件家具需要多少钱呢？我制作这个柜子，加上在里边安装的中密度纤维板收纳箱，总共花费不到 50000 韩元（折合约 300 元人民币）。比购买成品便宜很多吧！

1. 这张照片是刚开始更换柜子的搁板和上板的场景。作为一个吝啬鬼，我开始时用的是 15mm 的美国松胶合板，但安装后不久，柜板就开始晃动。最终我用了更厚实的 19mm 的云杉木板。

2. 云杉木与胶合木相比，价格低廉，而且更加结实。由于它的纹理十分漂亮，所以我特意使用了烙桐法，使它的木质纹理更加鲜明。

3. 把木质纹理鲜明的搁板放好。

4. 除了最上面的那块搁板，其余搁板都要先涂抹一遍蜡烛或木头专用蜡，然后再刷上白色的水性漆。刷漆的次数应为 2 ~ 3 次。

5. 等油漆干后，用 100 目的砂纸进行仔细打磨。去除纹理处的白漆，使木头的纹理更加鲜明好看。

6. 与照片相比，实物要更加漂亮的多功能柜子制作完成了。

柜子搁板上美丽可爱的花草……

再狭窄的空间，也一定会产生空隙。攻克这种空间死角，是吝啬鬼装修最基本的能力。

在房屋朝南的玄关门口处安装的小窗户，是冬季阳光照射的唯一来源。对如同黄金般珍贵的这块地方，是绝对不能浪费的。如果把花盆放在地板上，就会变得十分拥挤，因此我特意设置了搁板来放置花盆，作为迷你型的花园。当用烙桐法将木板做出经典式感觉，并在上面放置花盆时，真的是赏心悦目的一景。当造型别致的搁板放在狭窄的玄关处时，我能够自豪地说，我百分之百充分利用了这里的空间！

通向客厅的
邮筒

每当一个月的月中来临，
家里的信件就会纷至沓来。
各种缴税通知书、
信用卡消费信件、
催款的信件，
扔得到处都是，
占据了地板、沙发等地方。

一旦到了要寻找的时候，

又总是很费劲儿，

让人心情变得十分糟糕。

因此，

为了放置这些信件，

我在客厅制作了一个邮箱。

操作方法

1. 这是一个邮箱的半成品，我买的时候是这个样子的。

2. 为方便刷漆，将合页卸下来，拿下箱盖，然后用喜欢的颜色的油漆或涂料刷漆。我用的是双色做旧法，先涂抹一层深色的木器涂料。

3. 等涂料干后，重复之前说过的过程。在四角处涂抹蜡烛，在涂抹白漆 2 ~ 3 次。

4. 打磨涂有蜡烛的部分，直到将白漆磨掉为止，这样就做出了复古风。我将喜欢的水印贴纸用家用打印机打印了出来。大家可以到打印社打印一张“A4”纸大小的水印贴纸。水印贴纸的优点在于，它比图案模板印刷出来的图形更加细致精确，做出来的效果也更好。将打印出来的水印贴纸上的图案剪切下来，在温水中浸泡 2 ~ 3 分钟，然后将贴纸揭下来，贴在邮箱上。

5. 为避免贴纸与木头的表面产生气泡，用刷子来回刷几遍，将空气挤压出去。再涂一遍水性清漆，然后将箱盖安装上。

以前在外国电影里，经常可以见到竖立在庭院中的邮筒。现在我制作的这个有着倾斜箱盖的木制邮箱挂在客厅里，承担起了保管和收藏各种信件的功能。

在“DIY”装修中，从翻新家具开始，所有作业基本都有两个要点：

第一，房间死角、嬉戏玩耍的空间再狭窄，也要确保有足够的收纳空间，将物品整理好。

第二，如果还是整理不好，那就遮住它们吧（眼不见为净）！

在这栋年龄超过30岁的老房子中，电话机就算是再高级，又能高级到哪儿去呢？每当看到这个电话机的时候，我都会发出“我们家好穷”的感慨。最终，我决定为我们家的电话机制作一个电话箱！它的朋友应该是邮箱吧？

在我的装修中，与漂亮相比，我更加注重家具的功能性。而且制作的家具只花10000～20000韩元(折合约60～120元人民币)就足够了，这是一个多么美好的新世界啊！当我把家里复杂的排线理清，并为电闸做了一扇门后，发现这种方式很不错。与其看着某件东西就烦，不如把它隐藏起来。

事实上，我是一个年纪很大（嗯？）的人。
当然，和我一起生活的父母
年纪也很大了。
家里的所有家具
也自然经历了多年岁月的侵蚀。
在空间广阔明亮的家中，
这些家具肯定会因古韵十足
而备受关注，
但在狭窄昏暗的空间里，
这些家具配合古老的房子，
只会让人感觉，
这些是没有价值的过时家具。
于是我选择了造价最低，同时最简单的方法
去改变它们。

√ 准备一把刷子和一桶油漆就 OK 啦！

旧家具，变身为漂亮时尚的家具

破旧，漂亮……

我不会看不上太破的家具。

如果为它增加一些创意，

它会为我唱出世界上最美丽的歌。

与白色的墙壁搭调，
发出光亮的传统吊灯，
无论处于房间的哪个地方，
都是耀眼的不可忽视的存在。

通过部分做旧，
突显了旧家具的美丽线条，
使它散发出韩国式的美。

想要隐藏的久远的过去。

还是想要隐藏的久远的过去……

操作方法

1. 将家具角落中堆积的灰尘和污垢清扫干净，只在四角部分涂抹蜡烛。刷一层白漆后，用砂纸打磨四角，使白漆脱落。2. 刷漆时，如不先刷一层底漆，那么一般刷 3 次左右的白漆才能完全将原来的颜色遮盖住。3. 用砂纸将四角处的油漆打磨掉。也可以使用塑料尺、壁纸刀的刀背等其他工具进行打磨。将简单的旧家具翻新就完成了！

翻新旧家具的另一个方法

裂纹漆的使用

有人说翻新家具是材料市场的支柱，由此可见最近“DIY”市场的火爆。正是因为市场上有着各式各样的装修材料，所以即使不是相关专家，也能将手中的物品做得相当漂亮。当然，有时候也会出现肚脐眼比肚子还大的情况（自己制作还不如直接去市场购买更划算的意思）。

在“DIY”之前，一定要做好计划。图片中像七星瓢虫一样有着强烈色彩感的抽屉匣，在之前也不过是一件颜色暗沉的旧家具。想要自己的家具变身成画廊风格的创意家具，有诀窍一个，那就是使用被称为裂纹漆的一种优秀材料。

操作方法

1

2

3

1. 由前文可知，原来这个箱子是翻新为白色的做旧复古家具后继续使用的。在这里，我重新刷了一层纯白色的油漆。

2. 箱框也按照同样的方式刷一层白漆。

3. 白漆干燥后，准备刷裂纹漆。

4. 使用扁平的刷子沿着一个方向刷漆。裂纹漆可以调整部分地方的厚度。当刷完一层裂纹漆快要干时，再刷一遍想要增加厚度的地方。如果想要做出整体均匀的感觉，刷得均匀即可。

5. 准备各种颜色的水性漆。不要用水稀释，直接使用。

6. 刷亮色调的油漆时，技巧在于用宽大的刷子一次刷好。因为如果对刷过一次的地方再刷第二次，会使白色的裂纹漆脱落，而且为了使一次性刷过去的颜色更加鲜明，最好不要用水稀释油漆。

4

5

✓

裂纹漆大概需要 3 小时的干燥时间，就可以呈现出很好的裂纹效果。刷亮色调油漆的时候，不要超过 24 小时，否则难以做出较好的裂纹效果。

6

7

8

9

10

7. 几秒钟之内我们就可以见证神奇的变化。就像水田龟裂一样，油漆开始出现裂缝。在完全干燥前，油漆一直会有开裂现象。

8. 刷面积较广阔部分的亮色调油漆时，最好使用滚筒。与毛松软的羊毛滚筒相比，海绵滚筒更为合适。

9. 不要害怕，一次性用滚筒刷过家具表面就可以。

10. 在油漆干燥的时候，裂纹漆的裂纹也达到了一定程度。现在我们只要耐心等待它干燥就行。

11

11. 用湿抹布擦干净家具表面，然后再刷 1 ~ 2 次清漆扫尾。

12. 这样，充满趣味性和空间感的创意家具便诞生了！

有裂纹的家具，就像是历经岁月洗礼后留下的痕迹，充满了古朴美。

12

它也有些像从遥远的非洲流传过来的古董。

由于对翻新后的这件家具特别喜欢，母亲对我的待遇也跟着上升了。

在装修中，人们有这样的共识：
有的家具绝不会出现在豪华的住宅中，
却是一般家庭中不可或缺的存在。
例如红色的长条餐桌或刷过漆的饭桌，
几乎每个韩国老百姓的家里都有。
但是在艺人们买的房子或者
装修画报中，
这些家具是绝对不会存在的。
大家都藏着用吗？
不管是那种
贴着廉价标签的折叠式饭桌，
还是五花八门的生活物件，
都是一般老百姓家中
一道不可或缺的风景线。

每当需要什么东西时，我们就会到市场上挑选价格便宜的购买，这就是我们的生活。

虽然不知道使用效果与昂贵的物品有什么不同，但有一点很明确，

这与装修出漂亮豪华的家的概念相去甚远。

那么为什么那些装修漂亮的家中，连厨房的瓶瓶罐罐看起来都是一个系列的呢？

甚至挂在浴室中用来刷地板的刷子，都与平常家庭中的样式不一样。

在我的装修理念中，塑料浴盆是绝对必需品，

如果把它扔掉，把浴室装修得特别漂亮，

那么就不是以人为本，而是以房子为本的装修了。

因此诞生了既能够收纳物品，又能够在清扫房间时随意推动的带有滚轮的桌子。

由于要一年 365 天无休止地滚动，所以桌子要十分结实。

符合生活习惯的 客厅木桌

我在木桌上安装了陶瓷桌板，所以可以将烫手的大酱汤锅直接放在上面。

两个大抽屉，是母亲的百宝箱。

我将平时经常不翼而飞的电视遥控器和扔得到处都是的小区外卖菜单放在桌子侧面的收纳箱中，极大地方便了我们的生活。

以前总是因为寻找外卖菜单而搞得筋疲力尽，最后只能煮拉面吃，现在可以对这种窘况说“Bye-bye”啦！

操作方法

•首先，制作抽屉箱的过程

1. 从底板上组合侧板开始做起。

2. 组合上后板。为了省钱，后板我使用了4.8mm的美国松胶合板。

3. 在装上板之前，先装上抽屉的滑轨，使其能轻松滑动。我选用了抽屉滑轨中最便宜的一种。

4. 这是抽屉箱装上抽屉滑轨后的样子。

5. 购买抽屉滑轨时，需要同时购买小螺丝，然后钉在滑轨上。

6. 将做好的框架放在抽屉中，看是否合适。如果没有不合适，再将上板组合上。

7. 如果有条件，可以直接到商店购买相应尺寸的木板。但身为吝啬鬼家庭长大的长女，我使用的是家里的零碎木头。

8. 在木板的侧面涂上木工胶水，将几块木板黏合起来，形成一大块木板。

由于是自学，没有接受过专业训练，所以做出来的抽屉不伦不类的。抽屉箱的高度至少要比框架的高度高5cm。只有这样，用起来才比较方便。

9. 在将木板紧紧聚在一起的状态下贴一层纸胶带，并放上重物压紧。如果有木工夹，用木工夹直接将木板夹紧即可。但当时我还没有木工夹。

10. 将组合而成的前板装在抽屉上。组装时在前板与抽屉的交接处涂上胶水，并用电动码钉枪固定住。

11. 再次检查组装上前板的抽屉与抽屉滑轨是否合适。滑动十分顺畅！那么，进行下一步吧。

12. 这是安装上板后的样子。用铅笔将上板和竖直木板的交汇处标注出来，然后钻孔，拧紧螺丝。盖上上板后，如果用木榫代替螺丝将其固定，可以体现出北欧风的客厅木桌就完成啦！

13. 在木桌的下方安装滚轮。在为家具安装滚轮时，要看好每个滚轮的承重后购买。如果每个滚轮的承重量为 20 千克，那么使用 4 个，就可以承重 80 千克。如果是 100 千克左右的家具，需要在底部安装 6 个这样的滚轮，或者使用承重更高的滚轮。

●● 其次，制作桌板的过程

1. 为了使母亲可以将滚烫的石锅放在桌子上，我准备了特别的桌板。虽然可以在抽屉的上板安装框架后直接作业，但考虑到木桌的承重性，我先在厚重的杉木四周安装了合成板木框。

2. 合成板。由于该木板被加工过，所以纹理十分突出。

3. 在合成板上涂上一层黑棕色的油漆，并等待其充分干燥。

4. 油漆干燥后，如照片所示，将合成板贴在杉木上。

5. 将瓷砖放在木板上排列好。最好选用大块的瓷砖。如果瓷砖之间的接缝太过复杂，那么相应的缝隙也会变多。建议大家至少要使用 10cm × 10cm 的瓷砖。

6. 粘胶式背面。揭去后面的保护纸，不用特意使用胶水就可以粘好。

7. 将接缝用水泥掺水，混合至牙膏那样的浓度。在“DIY”网站可以用极低的价格购买到水泥。

8. 用水泥填充缝隙时，一定要戴上手套。用工具的话会十分困难，所以我经常用手来做，导致双手脏兮兮的……

1

2

3

4

5

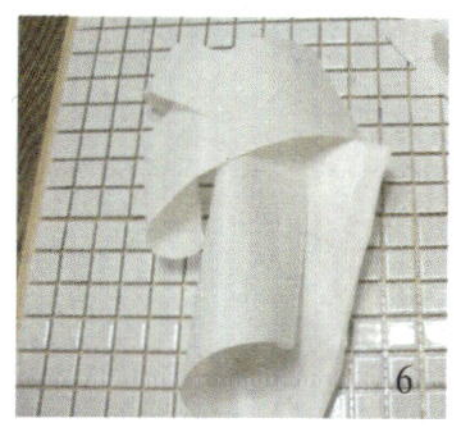
6

7

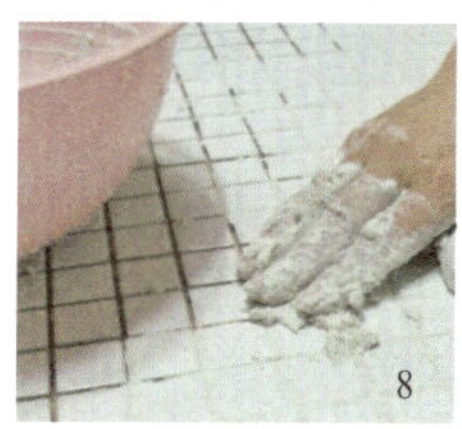
8

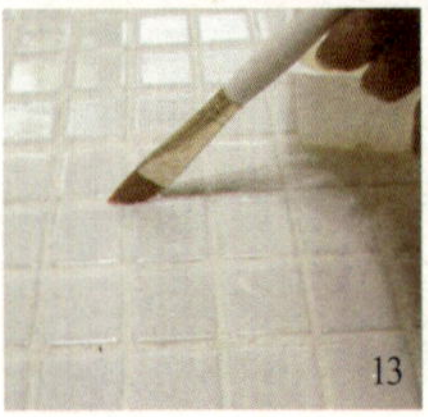

9. 填充后等到两三个小时，用湿抹布将瓷砖上的水泥擦去，直到将瓷砖擦得闪闪发亮为止。然后再等待 12 小时，使缝隙中的水泥干燥。在瓷砖与木板相接处贴一层纸胶带，合成板上涂一层蜡。

10. 涂抹亮色调油漆。选用高级奶白色油漆在复合板上反复涂 2 ~ 3 次，直到木板变白。

11. 油漆干燥后，用 100 目的砂纸轻轻打磨，直到木板露出纹理。打磨完后，木板看起来像是特意做上了花纹，这样强调纹理感的桌框便完成了。

12. 等缝隙中的水泥完全干燥后，再涂一层水性清漆。因为饭桌会经常用抹布擦拭，涂上清漆可以有防水作用。涂 3 ~ 4 次清漆干燥后，就可以使用抹布擦拭桌子了。

13. 给缝隙涂清漆时，使用斜头刷较为方便。就这样，具有超大收纳空间，可以 365 天随意移动的独一无二的饭桌就完成了！

用铅笔绘制图纸，
拿起钉子和锤子以及油漆
叮叮咚咚的三年时间。

在我刚开始大声宣布
要给客厅的墙壁涂漆的那个晚上，
正在吃饭的家人都惊讶地睁大了眼睛，
不明白好好吃着饭的我，
为什么突然会有这样的举动。
而现在，每当我完成一项工程时，
他们总会问我：
“下一步要做什么？”

在这个陈旧狭窄的房子里，住着两代人。
开始展现出自己个性的子女们和
虽已年老但仍掌握家庭主权的父母一起，
在这个狭小的空间里，偶尔会出现一些矛盾。
这时最能发挥力量的单词便是“双赢作战”！
——不会有任何不满的所有人的胜利！

客厅里的母亲那个大型的收纳式箱子，
虽然不合理，
但不管怎么样都是亲爱的母亲的领域。
为了在不侵犯她的领域的同时，
将我“DIY”用到的工具收集起来，
我制作了一个收纳柜。
任何时候都能推着走，
以后如果搬到更大的家，
就把这个抽屉柜另作他用。

为解决收纳空间不足而设计的可移动抽屉柜

这个抽屉柜的亮点在于：

第一，由于安有滚轮，能随意移动。

第二，抽屉的高度只有30cm，不算太高，所以能放到其他家具之中，不会占用太大空间。

第三，与它占用的空间相比，收纳量十分庞大。

客厅的整洁和物品的收纳，
两手都要抓。

可移动抽屉柜图纸

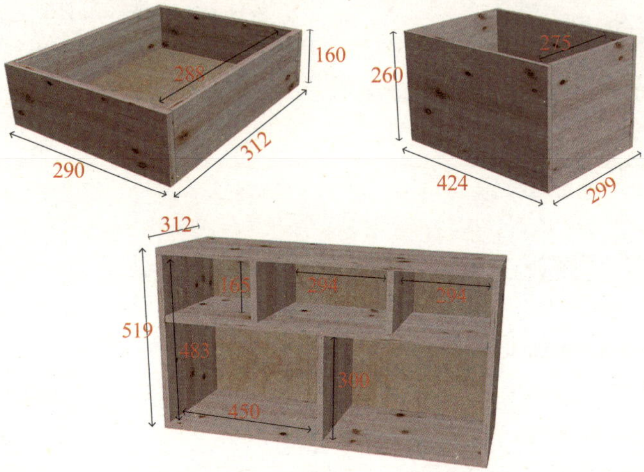

操作方法

● 首先，从抽屉框架开始

1. 制作抽屉框架时，从最中间的部分开始做起，用木板组合成“ㅗ”形。

2. 按照“ㄱ－ㄷ”的顺序，对木板进行组合。

3. 在木板的上方，竖直做成“ㅛ”形，然后翻过来使“ㅗ”形朝上。

4. 然后在其顶部安装上板。到这里，抽屉的框架就已经组合完成了。将组合得不是太精确的地方，慢慢移动至合适的地方。

5. 用铅笔将木板与木板的相交处画出来，再用电钻钻孔，拧紧螺丝。

●● 其次，组合抽屉内部的盒子

1. 现在，将各个箱子组合好。按照“ㄱ－ㄷ－ㅁ”的顺序，将四方形箱子组装好。
2. 抽屉箱子遍地都是。
3. 安装箱子的底板。一般使用 18mm 的美国松胶合板即可。
4. 如果想在箱子中安装隔板，必须在安装底板前进行。
5. 小的抽屉箱子不必安装滑轨；但能够容纳大量物品的箱子，如果不安装滑轨，在开关时，很容易出现刺耳的摩擦声，所以最好安装滑轨。
6. 在安装滑轨时，必须在抽屉上安装前板。这是为了防止拉动时箱子和抽屉框架间缝隙太大。
7. 除了后板，其他部分已经完成了。后板最好在刷漆完毕后再安装，以方便刷漆。

●●● 最后，刷漆过程

1. 框架部分我准备保留原木色，所以只能将抽屉部分刷成白色。
2. 关于抽屉的外部，我使用的是德国汕蜡合一的木蜡油，这样既不会使木头变形，又能使木板表面保持光滑。
3. 完成后，安装后板；用电动码钉枪固定好。
4. 安装六个大件滚轮。因为大抽屉中需要收纳很多工具，会比较沉。
5. 用“黑色”喷漆把俗气的“金色”拉手喷成黑色，然后固定在大抽屉的木板上。
6. 按照自己的喜好装饰抽屉柜。
7. 安装好其他的拉手即宣告完成。

BOTANIC SPECIES:
PACKING DATE: 8 2009
CROP: 2009 2010

工具变得越来越多。
为了保管好这些工具，
我制作了一件四层的滑轨式抽屉柜。
因为客厅是公用的，
所以考虑到它不只是我的，更是全家人共有的空间，
我想干脆把抽屉柜做得更漂亮些。
正好我一直想做一个北欧风的家具。
我做的这件四层滑轨式抽屉柜，
事实上只是在以前的旧木箱上简单地进行了装饰，
安装上了抽屉，
可以把家里想要隐藏的零碎物品放进去的。

北欧风四层滑轨式抽屉柜

这是用小区五金店里销售的最廉价的薄板材制作而成的工具橱。它的门是用收集来的零碎木板做成的。使用时间长了，感觉从里边取东西特别不方便。不过，考虑到放的东西越来越多，这种事情也是难免的。

我决定把门卸下来，只留下木框架。这些都是收集来的零碎木件，扔掉也不会心疼。我决定将这个工具橱分成上下两部分，上面做两个小抽屉，下面做两个大抽屉。我购买了 12mm 的杉木板来做抽屉。

操作方法

● 首先，从抽屉框架开始

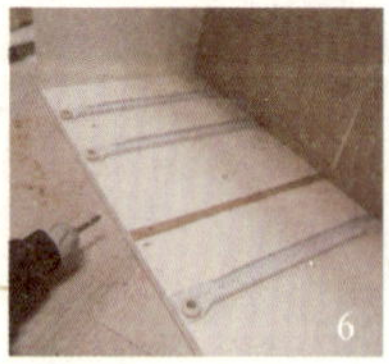

1. 在木板的交接处涂上胶水，使它们粘在一起，并用木工夹夹紧，做成抽屉框架。等待大约 3 小时的时间，胶水差不多就会凝固住。对于较浅的抽屉，这样使用木工夹十分方便。

2. 较深的抽屉需要通过“胶水 + 电动码钉枪”的组合来完成。我在抽屉中间还设置了隔板。

3. 做抽屉的过程与做“口”形箱子的过程一致。按照顺序涂抹胶水以及使用电动码钉枪即可。

4. 组合完毕后，再用电动码钉枪将较浅抽屉的交接处固定一遍，使其结实，然后安装底板。因此，实际上也是“胶水 + 电动码钉枪”的组合。抽屉的框架一般选用 12mm 的薄质板材，所以与使用电钻钻孔相比，射枪更加方便。到现在为止，抽屉的基本框架已经完成了。

5. 把家里的那件旧工具橱的门卸掉，然后在工具橱的底部安装上特别流行的斜角腿。这个斜角腿可以让工具橱的品位无限上升！

6. 购买 4 套最便宜的抽屉滑轨。首先在工具橱中安装好滑轨。滑轨的位置最好提前用尺子量出，并标记出来；然后抽屉也按照相同的方式安装滑轨。

7. 检查滑轨是否能正常运行。如果各个抽屉的推拉都十分顺畅，那么就进行到下一步。

其次，刷漆过程

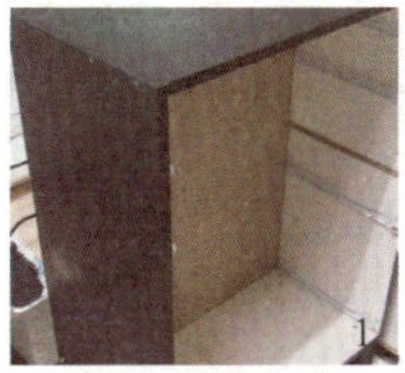

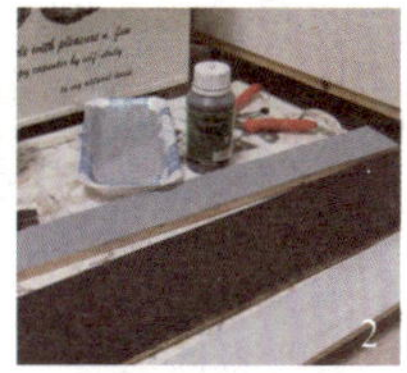

1. 先给旧工具橱刷漆。我选择的是黑色漆。因为这个抽屉柜要放在黑色的厨房门附近，所以我选择了同色系的油漆。

2. 抽屉箱的前板，我使用的材料是做别的东西用剩下的零碎木板。本来我想要的是原木色，但木板不够用，不得已掺杂了带有别的颜色的木板。用刀子将木板做成相同的长度，组合成较大的木板后，我先进行了刷漆。由于树种和厚度的不同，板材拼接起来后看上去十分不自然，所以需要对它们进行化妆，去掉拼接木板的痕迹。

3. 在这些板材中，有一种给人粗糙感的板材。主要用于制作自然风家具的这种板材，很多都是“DIY”博客的博主送我的。我保留了它的特性，用砂纸打磨，突显了它的自然美。

4. 拼接前板的抽屉完成。进行装修和“DIY”的三年中，我学的不过是些小把戏……

5. 最后，涂一遍纯天然植物木蜡油。

6. 这是完成后的抽屉柜。虽然因为木板不够用，我使用了其他的木板进行拼接，但效果出乎意料的好。我对完成后的这件家具特别满意。

7. 安装上简单的拉手后，北欧风的感觉一下子出来了。

虽然我用的木板是非常廉价的那种，使用的工具和材料也不是太好，但做成后特别漂亮，光彩夺目。如果大家的家里也有这种旧家具，不妨拿出来翻新一下。

小小的……
每个格子，每个迷你抽屉，
标签和蕾丝，
各种颜色的布料和纽扣
整整齐齐地排列其中，

散发生活气息的瞬间……

当进入“DIY”家具这一未知的世界后，我渐渐了解到一些身价不菲的可以循环利用的材料。如苹果盒子、珍宝珠棒棒糖筒、辣椒酱盒子、正官张红参盒子……

最近由于循环利用热潮的兴起，人们对这些材料的需求也随之增多，导致购买这些材料难如摘星。而正官张红参本身的价格十分昂贵，所以红参的盒子不是普通的星星，而是仙女座级别的星星。至少对我来说是这样。

但话说回来，这么贵重的材料，有一天却奇迹般地从博客上的好友那里向我大量涌来，这也是我使用博客的原因之一。我用红参盒子制作了药箱式的迷你抽屉柜。我梦想着有一天能够搬到大房子中，然后买100个红参盒子，将抽屉柜做满一面墙壁……

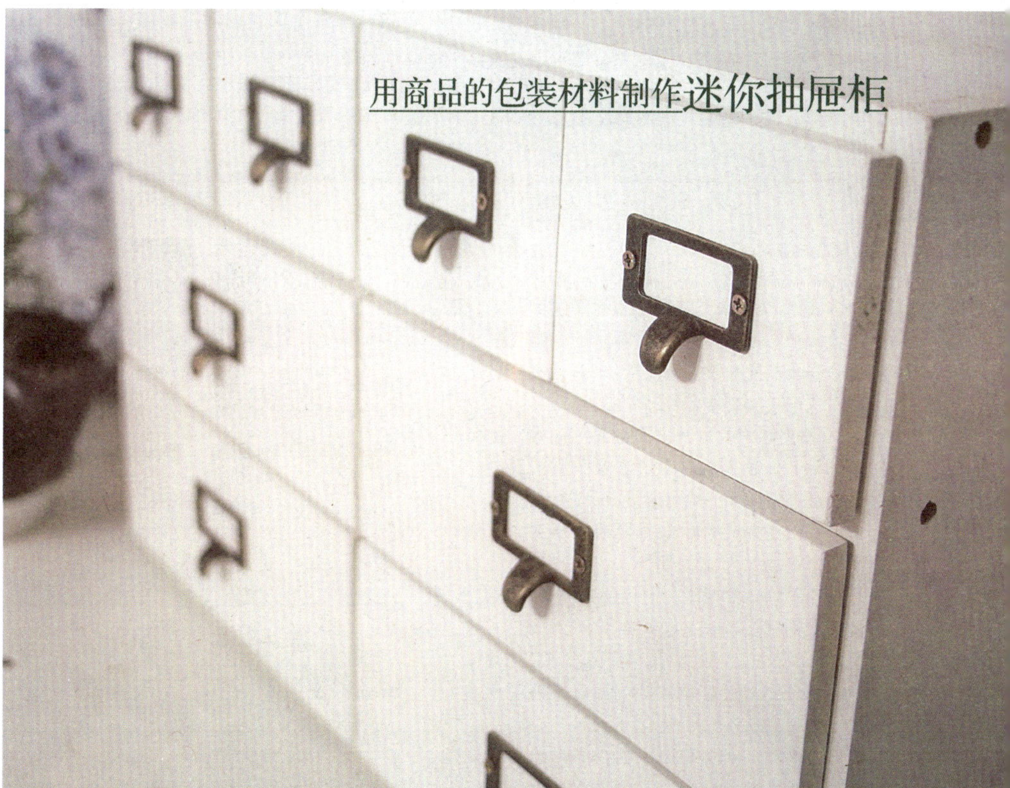

用商品的包装材料制作迷你抽屉柜

操作方法

1. 按照红参盒子的大小绘制抽屉框架的图纸，并切割木材。由于是制作迷你抽屉柜，所以我购买了 12mm 的板材。

2. 抽屉箱内部制作隔板。我制作的是“十”字形状隔板，由木板横竖交错而成。将两块木板的空隙处（约 12mm）相互交错咬合结实。在这里，12mm 宽的木板空隙，长度是木板的 1/2。订购木材时，可以事先告知店主配送成品。

3. 将交错后的木板竖起来，开始组合外层的框架。即使没有木工夹也能轻松组合成“ㄱ”形（用螺丝将其拧紧）。

4. 外层“ㄱ”形框架完成后，将中间木板交错处也安装好螺丝。

5. 再做另一边的框架，然后将底板也做好。

6. 将红参盒子的侧面涂上胶水，每两个粘在一起，制成一个抽屉盒。这样，隔板式抽屉盒就出来了。涂抹胶水后，如果没有小型木工夹，可以用结实的晾衣夹来代替。为使两个盒子粘贴结实，需要放置 3 小时以上。

7. 将码钉一个个掰开。理由是什么呢?

8. 因为涂过木工胶的地方需要加固一下。由于位置太低，所以无法使用码钉枪。但码钉比一般的钉子具有更加稳固的特点，而且不太显眼，因此在这里我将其替代钉子来使用。

9. 使用同样的方法安装抽屉的前板。抽屉一共有两种，一种是由两个红参盒子组合而成的，另一种是直接使用一个红参盒子。

10. 只给完成后的抽屉的前板刷漆。能猜到我这么做是为了节省油漆的人，跟我真是心有灵犀。与抽屉的高度相比，前板的高度要高出许多，因此，收纳空间也随之增大不少。

11. 对于框架部分，我也充分发挥了“懒惰”精神，刷成了白色。框架的内部简单地用木蜡油涂了一遍，然后装上后板。

12. 果然，安装有拉手的抽屉十分端正，有质感！

好漂亮！
使用这个来代替
俗气的塑料筷子盒，
是不是在家里吃饭，
也有一种在餐厅用餐的感觉呢？

红参盒子的另一个实用性大变身——

实木筷子盒

在韩餐厅或烤肉店吃饭时，通常会有一些细节让我们食欲大增，
其中一个便是用实木制作而成的筷子盒。
终于，我也拥有了这种筷子盒。
使用红参盒子！
对于制作筷子盒，没有比红参盒子更合适的了。
而且，使用时我们可以偶尔给盖子换一种风格，
而不是购买新的，
使它成为半永久性的物品。
现在，来打造具有一流韩餐厅氛围的筷子盒吧！

操作方法

电烙画机是通过对铁制笔尖加热使木头表面烤焦来作画的一种工具。虽然我用的是旧款，但这是朋友送我的礼物，所以即使用最新款来交换我也不会同意的。

1

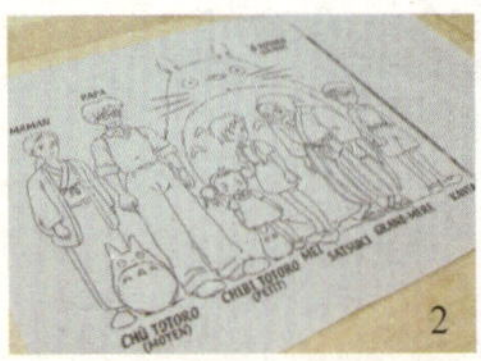
2

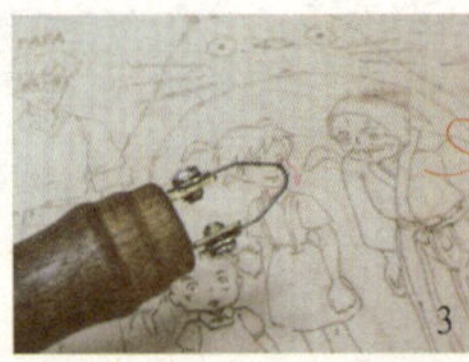
3

4

5

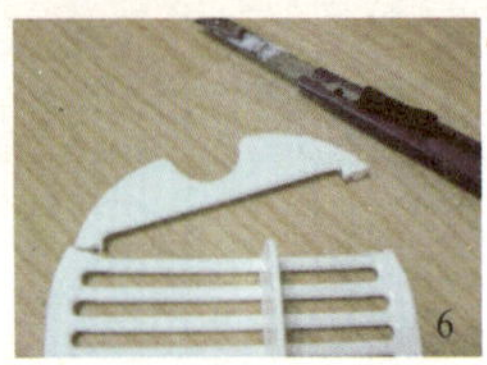
6

“我不会画画……”即使被挫折之墙挡在外面，大家也不必灰心沮丧。虽然不是美术专业的学生，虽然没有天生的画画才能，却有一种复写纸神功可以帮到我们。把画打印出来以后，将打印好的图纸放在木板上，中间垫一张复写纸，用圆珠笔描一遍。这样复制下来的图片与原图几乎没有两样！

1. 盒盖卸下来，盒子的外部刷白漆，内部涂抹一层天然木蜡油。考虑到筷子会直接接触到盒子的内部，所以与使用含化学成分的清漆相比，使用天然木蜡油更为安全！这样盒体部分完成。2. 用烙画机绘制图画的原理十分简单。用加热过的笔在木板上画图即可。3. 这是《龙猫》的模板。用复写纸将图画拓好后，使用烙画笔画就行。只要有烙画笔，再难的图画也能够画出来。4. 我准备用同样的方法在 12mm 的杉木板上烙画，作为盒盖。盒盖的图画是少女风！ 5. 如果给烙画上色，会使它失去原有的自然美。为了使烙画更加明显，我只对它的背景稍微刷了下漆。使用水性木器涂料或者亚克力颜料都可以。等油漆干后，再刷一层天然木蜡油，最后用干棉布擦干净即可。6. 这是之前使用的塑料筷子盒中的支架。它的宽度正好，但有点儿长，所以我用气焊枪稍微烤了下，然后用壁纸刀将多余部分剪切了下来。之后把它放进红参盒子，再盖上特意做好的盖子，别具一格的自然实木筷子盒就完成啦！

7 年前，我在网上碰到了一次大减价活动。

“最好的摇粒绒膝盖毯！只要运费钱！”无法抵挡诱惑的我，花了 3500 韩元（折合约 20 元人民币）的运费把摇粒绒的膝盖毯买回了家。我把一直放在储物室的这个毯子拿出来，缝上一层纯棉的条纹布料，做成了毛毯。盖上它，躺在安静的客厅中，一个下午悄悄溜走……

NATURAL HOUSE
BY HANDMADE
FOR !!
7237891
Power
Zone !!

装修卧室 1

——用多色彩、生动感和便利性来装修不到 9 平方米的卧室

弟弟是有着明媚微笑的“老小孩”，

在他下班后的休息之地，

只有一张放有电脑的书桌。

自从搬到这个只有以前的房子 1/3 大的家里，

那些无处可去的行李

都塞到了

家里地位最低的弟弟的房间里。

虽然他总嘟囔着表示不满，

但只要把这些行李堆中靠近书桌的空间腾出来

他就能坚强地生活下去。

把这个杂乱的卧室，

进行大变身的活动，

并不太难。

第一，把用不到的行李尽量都搬到储物室，或者果断地扔掉。

第二，尽可能地找到收纳空间。

第三，使用明快的颜色确定房间的整体基调，演绎出自然时尚的风格。

把母亲的老物件都清理完后，这个房间看上去十分凄凉。如果把壁纸揭下来，再重新贴一遍，会花费很多的费用。因此我只把露出墙壁部分的壁纸剪切下来，打磨掉墙壁上的霉斑。然后开始给壁纸刷漆，并且给露出的墙壁部分也刷了漆。

我决定选择米白色作为主颜色，以使卧室变得明亮宽阔；并且使用与已有的家具相似或相同的颜色作点缀。根据弟弟的生活习惯，把房间的空间分割后，我制作了几件家具，以尽可能地扩大房间的收纳空间。

在衣橱旁边，我安装了几个漂亮的挂钩，以方便弟弟挂帽子或其他物品。利用价格低廉的美国松胶合板制作而成的这个衣橱，与房间的构造十分搭调，花费了大约 20 万韩元（折合约 1200 元人民币）。对我来说，这个费用可不算便宜。

原本放挂钩的巨大空间挤满了灰尘，我在那个地方做了一个衣橱。有了衣橱后，不但被誉为“懒惰主义者”的弟弟开始整理衣物，而且这样还比之前更能防止灰尘，衣橱上面和侧面的狭小空间也得到了活用，为此得到家人的满意评价。最重要的是视野变干净了，实现了自己装修的“人生活的房间”。

为驱赶寒意安装了暖气，再用相框挡住了不常使用的门。

我把家中以前的实木色三节收纳箱子用油漆刷成白色，并安装上了门板，挂在墙壁上，扩大了房间里的收纳空间。

我将以前的油画布涂上强烈简单的色彩，翻新成装饰画，挂在墙上起到了装饰和遮挡侧门的作用。这个房间与旁边的房间是相通的，因此通风很好，冬天的时候会感觉特别寒冷。而现在的这个房间，已经成为一个温暖的空间，以至于每次弟弟外出上班时，母亲都会来到这个房间午休。

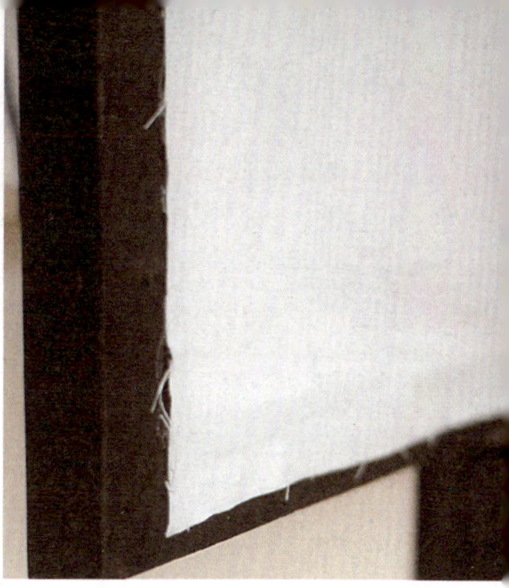

只需要将收纳柜的柜门用白色的棉布遮住，让人看不到柜子里面的东西，就可以使房间看起来整洁干净不少。

为了尽可能地体现出简单干净的感觉，我选择用铝合金百叶窗来代替飘逸的窗帘。铝合金百叶窗不仅能将年代久远的窗户和窗框遮住，同时本身也成了一道风景。

对于母亲的旧家具中那些占地不大的收纳柜，我决定还是用来装衣服。由于白色的墙壁和收纳柜门上白色的棉布，使得旧家具原有的沉闷感消失殆尽。简单干净的白色墙壁使得家具不必翻新也显得十分漂亮。

普通的收纳箱经过简单的作业就可以固定在墙壁上使用了。

窗户旁边原本放着三格收纳箱，影响了房间的采光。我将它们移到了房门上面的死角处，为狭窄的地面腾出了空间，并使得窗门处也变得干净利落。有时与家具的制作和存在相比，家具的布局更为重要，这一点大家一定要记住。

在床的下面，我做了一些抽屉型迷你托盘，用来放置每天穿的内衣；也可以在床上躺着看电影或电视时当作床头柜，来放置一些东西。

在为睡相不好的弟弟制作床时，为了铺上母亲给他的石床垫，我特意做了张大号双人床。我制作了单人床 1 个，收纳箱 2 个，一共分为三个部分，组合在一起便成了一张大床。在不使用石床垫时，可以单独使用单人床。构成床体的两个大的储物柜，在不用时也可以叠成一件双层的橱柜使用。

在设计电脑桌时，我也尽可能地做到了少占用空间，在考虑到使用者的身高和房间的构造后，制作了该电脑桌。为了尽量减少木材费用的支出，我在“口”字形的木框架上放置了一个桌板，即告完成了简单的电脑桌。

由于房间十分狭小，很难在书桌上设计抽屉，所以我在胳膊所及范围内安装了几个迷你壁式收纳柜，用来放置一些小物品。

我购买的半成品木制箱子，用它来收纳小物件。

老房子的电线特别杂乱无章。连接这些电线不仅会使房间变得杂乱，如果管理不当，使它们缠在一起，还有可能引发短路和漏电。

我把这些电线都拉到可以直接用眼睛确认状况，管理方便的床铺旁边后，设置了一个收纳箱，来收纳电线插座、暖气温度调节开关以及各种充电器等，并安装了箱门将这些东西隐藏起来。

弟弟悄悄地从我的房间拿走了卡通摆件。我之所以没有厌恶弟弟的这一野蛮行径，是因为感受到了他想装点属于自己空间的渴望。

一棵大型垂叶榕，
使得房间变得生机盎然……

通过壁纸刷漆和更换地板革
确定房间的基调

在我装修完客厅，开始对其他房间进行龟式装修的过程中，我的弟弟也渴望拥有干净整洁的房间。他将保管在储物室的壁纸拿出来贴在墙上，并且开始给一部分墙壁刷漆，改变部分家具的布局，慢慢地进行装修。

但这样做能取得有效的成果吗？别做梦啦！没有丝毫改善的状况。大家透过照片也可以看出来吧？破旧的地板革，斑驳的墙壁和天花板，堆积如山的书……看起来，只有先改变房间的整体布局，才能改善这些。

操作方法

1. 房间中裂开的地面高低不平。年代久远的地板革上，到处都是岁月的痕迹。
2. 把出现霉斑的壁纸剪切下来，使用除霉剂将霉斑去除。
3. 为壁纸刷漆做准备。我使用了遮蔽胶带，将不刷漆的地方盖好。

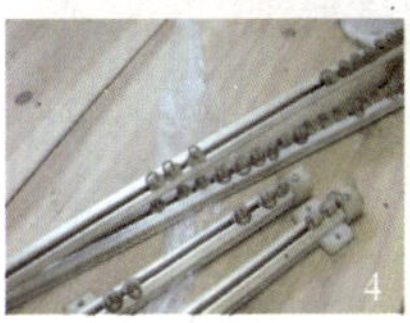

4. 我把天花板上常年不用的窗帘滑轨等物品全都卸了下来，预备将天花板刷成与墙壁一致的颜色。

5. 由于房间中到处都有霉斑的痕迹，所以刷漆时我特意选择了有防霉效果的油漆。我在油漆盘上套了一层塑料袋，准备调漆。

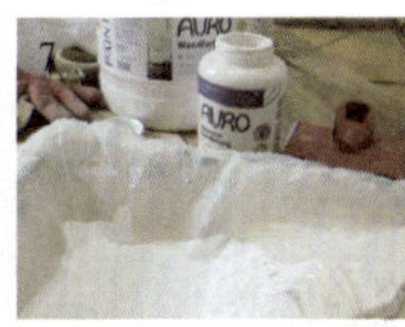

6. 对于角落部分我使用 1 ~ 1.5 英寸的斜头刷进行刷漆，宽阔的地方使用滚筒刷漆。

7. 在给刷有清漆或有塑封的房门刷漆前，最好刷一层底漆，等底漆干后再正式开始刷漆。这样可以帮助提高面漆的附着力，增强面漆的色彩度。

8. 给墙壁刷漆时，刷两次后差不多就能刷出想要的颜色。墙壁和天花板全都以白色的刷漆完成。

9. 将铺在地面上的地板革拿走，露出破损凹陷的地面。哎呀，真头疼！

10. 将少量白水泥（左）掺水混合至牙膏样的浓度，修补破损的地面。对于露出霉斑的墙壁部分，要涂抹防水材料（右）进行修补。

11. 照片中的地板革是我在网上购买的最便宜的一种。这种可折叠的地板革虽然具有初学者也可以进行简单施工的优点，但也有搬动家具时容易留下划痕或被刺破的缺点。考虑到装修的预算，我几乎没有选择的余地。即使这样，与之前的旧地板相比，更换新的地板革要好上百倍！在不到 9 平方米的房间铺这种地板革，大约 40000 韩元（折合约 240 元人民币）就能够搞定。这样，房间的整体基调即告完成。

给人以美感的……

在老房子里

一个难以想象的梦

旧天花板上的

自然风灯箱和照明灯

操作方法

首先，从灯箱开始

1. 天花板安装灯管的地方，也出现了霉斑。虽然给灯管周围刷完漆后变成了白色，但刷漆前，灯管处已经如照片所示变成了黄色。在主人对房间不闻不问的过去，看上去十分悲惨。

2. 将灯卸下来去掉天花板上的霉斑后，我制作了一个漂亮的灯箱进行装饰。我准备了一张 12mm×30mm 的杉木板，组合成“口”形的框架。在木板接合处涂抹上木工胶，并用大型木工夹夹紧，放置了三四个小时。

3. 木工胶干后，用手动码钉枪进行加固。

4 在“口”形框架上覆盖 4.8mm 的美国松胶合板，通过“木工夹 + 电动码钉枪”的组合进行加固。如果使用一块外径与杉木板框架相同的美国松胶合板会更加结实，但在这里我使用的是以前的零碎木板。

5. 灯箱做好后，用电钻在上面钻一个孔，方便电线穿过。

6. 虽然可以将灯箱刷成别的颜色，但为了凸显它的自然美，我只使用了实木色的木蜡油。

7. 在框架上用双重钻头钻孔，以便把灯箱固定在天花板上。

8. 将做好的灯箱放在天花板上，将电线从中间的洞孔拽出来，把螺丝拧到框架钻的孔中。如果是单独作业的情况，先用胶带将灯箱暂时固定在天花板上再进行固定，会比较方便。

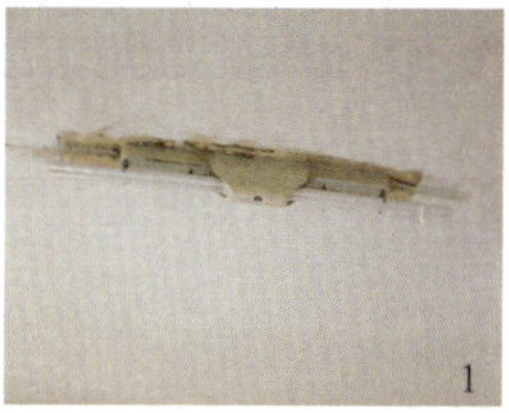
1

2

3

4

5

6

7

8

●● 其次，设置垂吊式照明装置

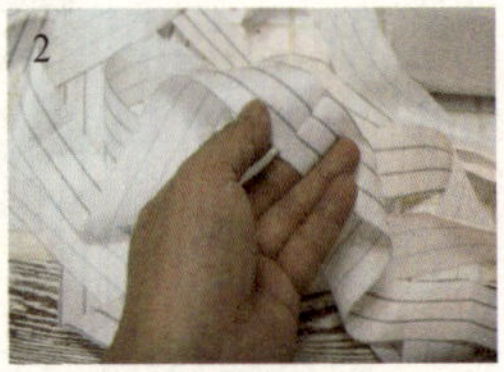

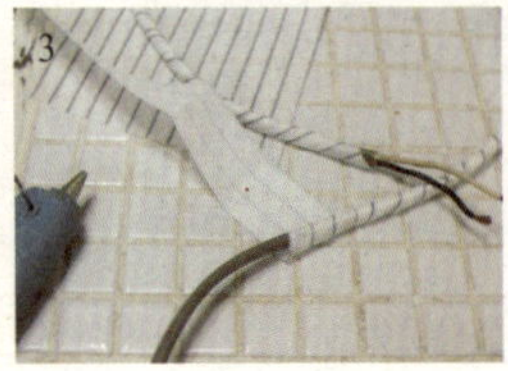

1. 准备电线和电灯的外接头，电线的颜色看上去过于鲜艳。我把一块防水布料剪成适当宽度的长条。

2. 如照片所示，我将两块布条用缝衣针缝了起来，不特意缝在一起也没关系。

3. 用打胶枪将开头部分粘贴住，然后一圈圈地用布条将电线缠起来，缠到中间位置时，再用打胶枪固定住。通过缠电线的方式，为电线换一种漂亮的颜色！

4. 在五金店就可以买到的灯头。将灯头打开后，可以看到两个螺丝。

5. 把螺丝打开，缠上电线后，再将螺丝拧紧，固定好电线。要注意，不要让白线和黑线碰在一起。它们一旦相遇，就会出现“噼啪”的声音，甚至发生短路。

6. 将灯头的盖子拧紧后，电线部分基本完成。灯头的另一端要与天花板上的电线相连接。

7. 这是我花了 4500 韩元（折合约 30 元人民币）购买的吊灯专用底座。该部件由一个贴在天花板上的支架和一个将支架覆盖的盖子组成，它能够把从洞孔中钻出的电线遮住，起到装饰作用。

8. 将支架用螺丝固定在木板箱上。从洞孔中出来的电线需要与灯头另一端的电线接在一起，接线前应将漏电开关关掉，以保证安全。并且应该将灯头一端的电线穿过底座后，再进行接线。接线处应该用电绝缘胶带包好，防止漏电。

9. 将穿过电线的底座贴到支架处，固定好。

10. 这是完成后的样子。

●●● 最后，制作灯罩

1. 这是我在宜家买的纸灯罩。灯罩的直径为45cm，是灯罩中型号最大的一种。小号的灯罩只需9000韩元（折合约50元人民币）。灯罩的组合十分简单……

2. 我决定直接挂上去，再添点儿东西上去，于是将亚麻布贴画剪下来。

3. 将亚麻布与灯罩内部的钢丝缝在一起。这样就可以固定住亚麻布。

4. 这是完成后的灯罩。

把灯泡安装到灯口后，
再将其放入灯罩中。
漂亮得如同画报般的
装饰灯完成！
是不是吊灯
好像在
晃晃悠悠
往天空飞翔呢？

将杂乱的电线插座
整理干净

为了把杂乱无章的电线插座和暖气温度调节开关隐藏起来，我制作了一个小巧玲珑的收纳箱。虽说是收纳箱，但由于它体形较小，需要的木料也较少，因此制作成本很低。我把它安装在一眼就能看到的地方，以方便管理，并且能随时关掉插座上的电源，使节约用电变成一种习惯。

我毫不犹豫地去做了，
兴高采烈地进行了
装饰。
每次看到它，
都十分满足和高兴。
“那是我做的！”
在家人面前
我扬扬自得。

操作方法

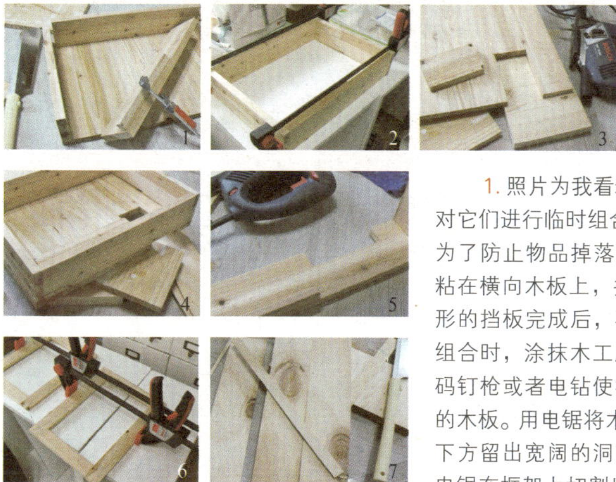

1. 照片为我看着这些切割成适当大小的杉木板，对它们进行临时组合中。在最下面的横向木板上面，为了防止物品掉落，我设置了一块挡板，用木工胶粘在横向木板上，并用木工夹进行了加固。2. “ㄱ”形的挡板完成后，再进行收纳箱整体框架的组合。组合时，涂抹木工胶，用木工胶加固，然后用电动码钉枪或者电钻使框架更加结实。3. 安装在墙壁上的木板。用电锯将木板上插座部分的空间留出。4. 在下方留出宽阔的洞口，使得电线能够伸进来。5. 用电锯在框架上切割出一个“ㄷ”形。6. 制作箱门。制作时需要使用木工胶和木工夹。7. 用 4.8mm 的美国松胶合板作为门板。

8. 将较宽的木板刷成白色。为增强对比，可以将较窄的木板刷成黑色。9. 将刷完漆的门板安装在门框上。安装时，应该涂抹木工胶，并用电动码钉枪或者木钉固定。10. 然后开始对收纳箱进行装饰。使用水印贴纸（放置水中 2 ~ 3 分钟）将准备好的字打印出来。11. 在门板上贴上各种漂亮的贴纸。我在装饰时不会在意素材和材料。只要漂亮结实的话，哪种都可以。在门板上贴好各种贴纸后，再刷一遍透明的清漆，目的是方便以后用湿抹布清洁箱面。12. 把装饰好的门板和收纳箱框架用合页连接起来。由于电线和插座塞满了收纳箱，所以箱子里没有多余的地方安装碰珠门吸。于是我在箱门上安装了锁扣，这一问题便迎刃而解了。13. 先将后板固定在墙壁上。由于是水泥墙面，所以固定时需要将水泥钢钉砸进去。14. 将收纳箱框架放在后板上面，用 90° 的角铁固定住。然后将各种插座和开关固定在后板上。好了，现在，温度调节装置、插座、手机充电器等都放在一起了！

用装饰品把握时尚，翻新油画

占据室内大块空间的油画是决定室内整体风格的装饰品。它既可以用来遮挡住不喜欢的部分，也可以用来遮挡门或窗，起到保温作用。

因此我把它翻新成了永不过时的红色油画。

有着红与蓝两种颜色的鲜明对比，国旗样式的这个油画给了房间耳目一新的美感。

操作方法

1. 这个镜框内的装饰物，是我在一次活动中获得的奖品。本来这幅画是带有童趣的风格，我决定把它翻新成具有强烈色彩感的油画。原来画的背景是白色，所以在刷完漆后，我只需要用透明胶带将刷好的漆揭掉，露出白色部分，就可以做出挪威国旗的样式。由于白色的画纸下面还有一层，所以在揭掉胶带时，有一部分白色画纸也跟着掉了下来。对于掉下来的部分，我又用白色油漆进行了修补。2. 为了使油画的感觉更加鲜明，我用狭长的木板为它做了一个画框。照片中我正在将狭长的木板刷成黑色。刷漆时，我戴上一次性手套，用海绵浸上油漆轻轻地刷漆。在用颜色较深的油漆刷较小的物品时，最好使用这种方法。3. 等油漆干后，将木板制作成画框。制作时应该用电动码钉枪进行加固。4. 为从高处通过的空调电线做一个通道。用短锯在木板上每隔 1 ~ 2mm 锯一次，然后用凿子或“一”字形螺丝刀用力掰锯口处，做出通道。做完后，用砂纸在通道处细细打磨光滑。

5. 将画框挂在墙上，将空调电线从画框背部通过，在到达插座位置前，尽量避免其露在墙壁表面。对于露在外面的电线，用纸胶带包裹隐藏好。6. 将纸胶带刷成与墙壁相同的颜色，使电线和墙壁颜色统一。7. 保留原来画布上的字体，用模板印制的方式再增加一些字体。并且将打印在 A4 纸上的图案剪下来，贴在画布上。8. 愉快的装饰完毕。

在网上逛到眼睛痛，最后还是选择了自己画图做床。还说什么床是科学（韩国某床品厂商的一句很有名的广告词）呢，在画图的过程中，我深刻地认识到了做床不是科学，而是一道让人头疼欲裂的数学难题。几经考虑，我决定做一张单人床和两个大的收纳箱，把它们拼在一起做成一张大号双人床。单人床的床底可以作为储存式收纳空间使用。考虑到单身的弟弟之前连个放换洗衣物的地方都没有，我又制作了两个收纳箱。

当遇到搬家或者改变房间布局的情况时，可以随时将两个收纳箱叠在一起使用，而弟弟也可以继续使用单人床！

收纳式
实木床

花费 35 万韩元（折合约 2000 元人民币）制作的这件实木床，在我看来很简单，但对使用者来说似乎是一件特别温暖感人的事情，建议大家也来一起挑战实木收纳床吧！

结实的 SPF 木材（一般指云杉、松木、冷杉三种合成板材）和杉木中散发出的植物杀菌素（phytoncide）。

实木收纳床的图纸

平床构造

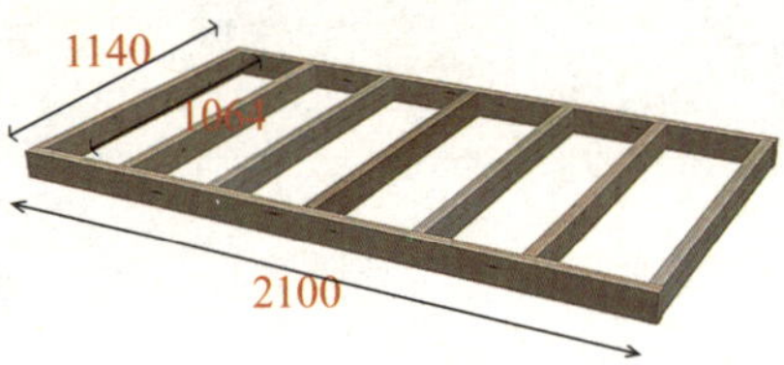

收纳箱 A-1 抽屉

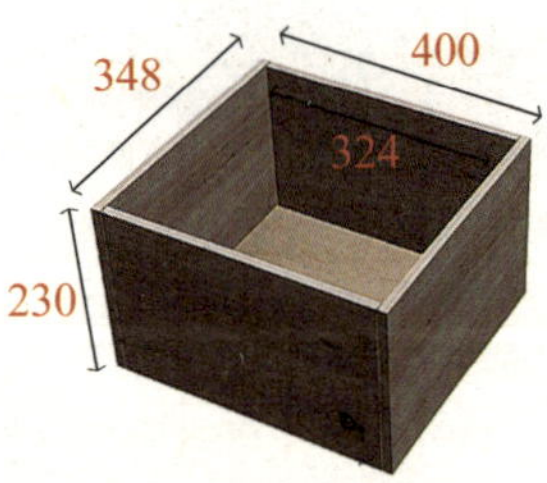

收纳箱 A

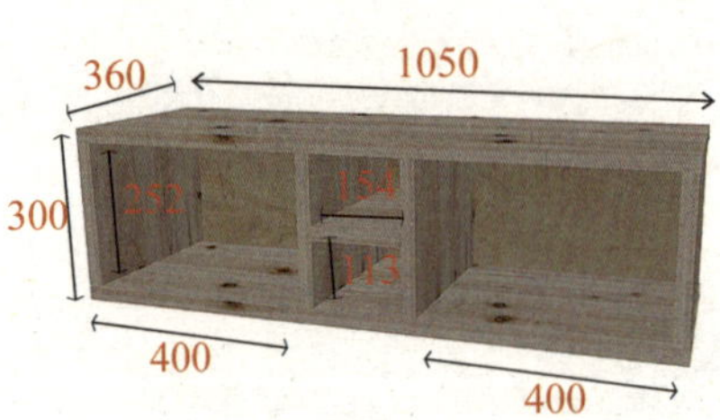

收纳箱 A-2 托盘

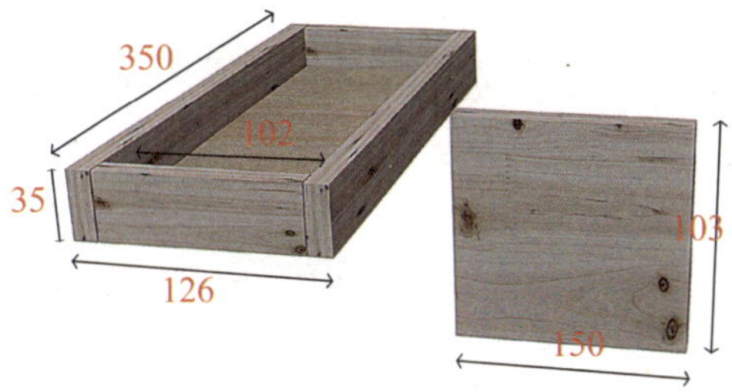

收纳箱 A-3 迷你抽屉柜

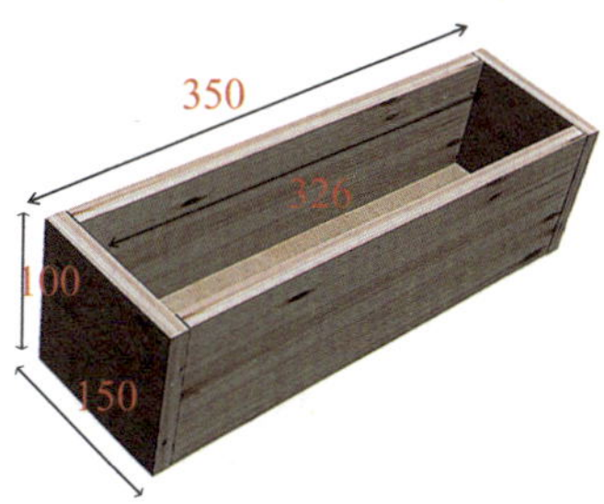

收纳箱 B

收纳箱 B 抽屉

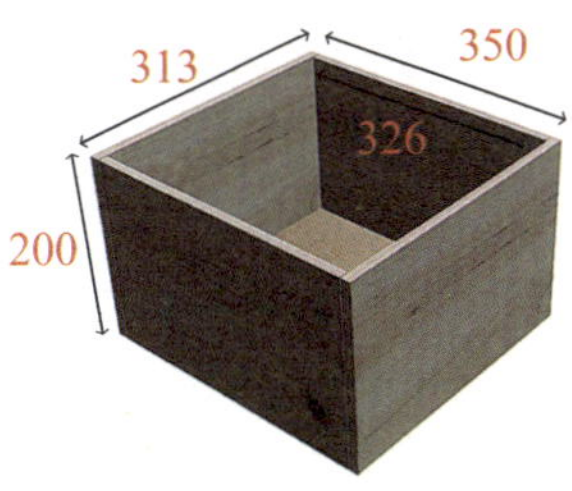

床腿

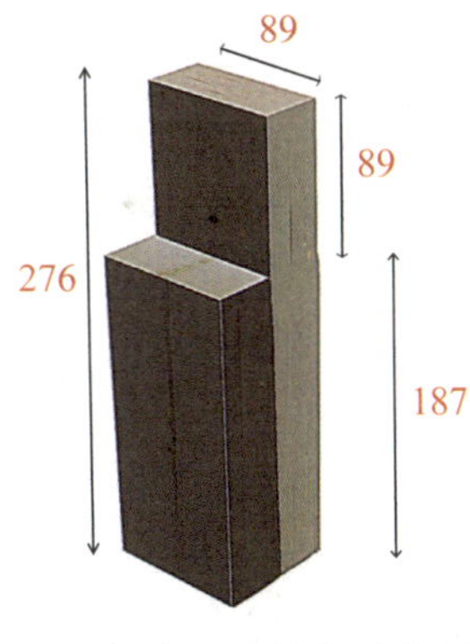

※ 以上标注的木料所需量指的都是 1 个抽屉所需量，实际制作时，乘以所做的抽屉数量即可。

操作方法

● 首先，从平床的构造开始

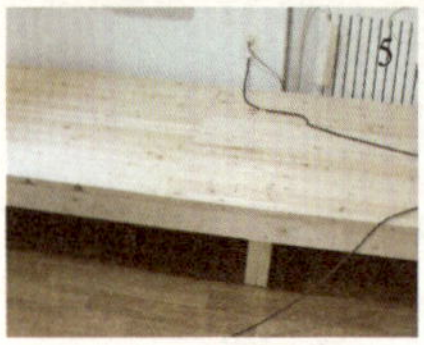

1. 用 SPF 木材制作床的框架。通过在长长的横木上安装纵木的方式，在两块木板相交的地方，首先用 90° 角的角铁进行固定，然后通过“电钻 + 螺丝”的方式加固。由于木材十分厚重，一定要两人一组轮流进行作业。2. 做床腿。这是我参照图纸制作的床腿，床腿用“双重钻头 + 螺丝”的方式进行了固定，一共成功做出了 8 个相同的床腿！待会儿再高兴吧，现在进行到下一阶段。3. 将床腿较矮的部分搭在床架上，先用角铁固定，再用螺丝加固。4. 安装床板。如照片所示，每铺一张木板，就用铅笔标记出下方纵向木板的位置，然后用双重电钻钻孔，插入 8mm 的木榫。将露在床板外面的木榫用短锯切掉，使其与床板平齐。因为有麻子的床不好看。如果插入木榫时没有涂抹胶水，那么只需在木榫上钉入小钉子，把钉子连带木榫一起取出来，就可以将床体分解。5. 这是床板安装完毕后的样子。1140mm × 2100mm 的单人床制作完成了。6. 做完这些后，我的胳膊和腿都累得直打哆嗦。先休息会儿，然后开始对床板刷漆。因为想要体现出原生态的自然美，所以我只对床板刷了一遍天然木蜡油。大家可以根据自己的喜好为床板刷上想要的颜色，然后刷一遍清漆或木蜡油。7. 现在该做两个收纳箱了。按照图纸，将购买的木材进行分类。这样在制作收纳箱时更加方便。8. 这是有三个抽屉的收纳箱 B。依次在底板上安装侧板，最后安装上板。虽然可以将后板一起安装上，但为了省钱，我省略了这道程序。如果太用力，可能会将收纳的东西推到收纳箱外面，但我相信我的弟弟肯定能掌控好力度！9. 做具有两个大的抽屉、一个迷你抽屉、一个托盘的收纳箱 A。首先安装迷你抽屉和托盘中间的“H”形框架。10. 在“H”形框架上安装底板和侧板。在安装上板之前，要提前将“H”形框架上方的滑轨安装好。11. 大抽屉也要安装好滑轨后再安装上板。收纳箱 A 完成。12. 在上板和侧板的交接处钻孔，并插入木榫。再用短锯将所有露在外面的木榫切割，最后用砂纸打磨平滑。

●● 其次，制作迷你抽屉

1. 现在该做抽屉了。先从制作完成的两个收纳箱 A–1 号开始，给抽屉的各个角落刷漆是一件考验耐心的事情！刷漆时，应该将抽屉底板的漆提前刷好！ 2. 做好三面的侧板后再做底板。底板的四周应该在侧板的内部才行。在底板和侧板的交接处必须涂抹木工胶，再做完最后一面侧板。安装侧板时，一定要与其他板面严密吻合。3. 用木工夹加固，然后将重物放在抽屉上。等待 3 小时后，用电动码钉枪将木板结合处固定住。抽屉的基本框架完成。4. 迷你抽屉的框架也要用木工胶和木工夹进行固定。5. 盖上底板，然后用电动码钉枪固定。6. 在收纳箱 A–1 抽屉的底部安装滑轨，并将抽屉放进做好的收纳箱中，检查滑轨是否能顺畅运行。

●●● 最后，装饰抽屉

1. 我决定在抽屉的前板上做一些装饰。我在透明的塑料纸上画了一些菱形。2. 用壁纸刀将菱形剪切掉，即告完成了模板。3. 在前板的适当位置上，用铅笔沿着模板的框架画出菱形的图案。并在菱形图案上涂抹喜欢的颜色。等待颜料干后，再刷一遍水性清漆。4. 把做好的前板安装在抽屉上。在抽屉前板的背部涂抹木工胶，并在内侧用电动码钉枪或者螺丝加固。对于没有安装滑轨的收纳箱 B 的抽屉，应按照制作一般收纳箱的过程进行制作。5. 而对于制作完成的抽屉和收纳箱，大家可以按照彩绘、“油漆 + 清漆”的方式，或者像我一样只刷一层木蜡油或者家具用蜡，然后……就可以结束了。但是收纳箱 A 的迷你抽屉和托盘还没有完成。制作完这两件后，我们就可以躺在床上吃爆米花啦，现在，开始行动吧！

大家制作收纳式实木床的过程都顺利吧？加油！胜利就在前方。

虽然我不像拿破仑那样伟大，但登上胜利的顶峰后，我也绝不会后悔地大喊“不是这里”。

事实上，在绘制图纸和埋头制作的过程中，我犯了许多错误，并且从中学到许多知识。如果说没有犯过错误，肯定是骗人的吧！

我在制作过程中，将托盘做成了迷你型。希望大家在制作的时候，将收纳箱分成上下两部分，下半部分放置浅抽屉，上半部分放置一个宽大的托盘。这样做，可以方便我们将经常在卧室使用的笔记本等物品放进去，这样床就可以变成隐蔽型床头柜。

通过这样的方式制作而成的床，就没有必要再去做床头柜了，因此有助于节约空间。

好了，让我们为实现躺着吃爆米花这一梦想扬帆起航吧！

操作方法

1

2

3

4

5

6

1. 照片为做好的收纳箱A的迷你托盘和迷你抽屉的框架。迷你抽屉不需要设置滑轨，制作的方法与制作普通的收纳箱一样。按照“ㄱ－ㄷ－ㅁ”安装底板的顺序进行。但是迷你托盘需要放置咖啡或其他物品，承受一定的重量，因此必须设置抽屉滑轨。托盘上的左右滑轨与收纳箱中的滑轨咬合时，会产生空隙。一边的空隙是13mm，那么两边则是26mm。所以说，制作的托盘的宽度，要比迷你收纳箱的宽度小26mm。2. 用购买滑轨时与之配套的螺丝，将滑轨固定在托盘上。托盘上滑轨的长度不如箱内的滑轨，是为了节约滑轨用量。3. 刷一遍漆。考虑到托盘上经常放咖啡杯等物品，我刷了一遍聚氨酯油漆！第二遍刷了清漆来防水，这是考虑到咖啡也许会洒在上面。等油漆充分干燥后，用400目的砂纸细细打磨即告完成。4. 收纳箱B的抽屉。制作过程与普通抽屉一样。5. 使用水印贴纸进行装饰。整个箱体刷“实木色油漆＋清漆”。6. 清漆干燥后，安装底板。我将之前扔掉的旧家具上的塑料滑轨安装在了底部，使得抽屉的推拉更加方便。

大家一定要记住，
扔掉旧家具时，应该将上面的滑轨、拉手、门上的合页等收集起来留待以后备用。
终于能躺在床上吃爆米花啦！
大家辛苦了！

初次见到它的那一天仍然历历在目。

丑陋、

危险、

狭小……

找不到一点儿魅力的

老房子。

这本来是我想象中都不会出现的场景。

我竟然这么深爱着它……

为了它如此奋不顾身，

默默地忍耐和努力，

懂得更加谦卑的姿态，

领悟到

对家人应该有的关怀……

虽然破旧得一塌糊涂

但我仍然坚信

它会改变。

明媚的微笑

从嘴角一直到心底，

如春雪融化般。

这个老房子逐渐地

让我难以割舍，

它已成为我的恋人……

变成恋人的旧房子

装修卧室 2

——年老的叮当小仙女居住的不到 7 平方米的永无乡

虽然我早已过了而立之年，却还在高喊着“我的梦想我做主”，“在感觉中生存，在感觉中死亡（意为跟着感觉走）”，“除了外貌不同，我就是叮当小仙女”，坚持单身“万岁”。符合我这样的老小孩品位装修的这个房间，面积其实不过7平方米左右。

这是我生活的地方。

在这个房间里，我在半空中做了一个子母床。理由是照片里滚来滚去的狗狗中黑色的那只。如果追溯到它的妈妈的妈妈的妈妈……那应该是1988年吧。到底是多少年前呢？它是祖先代代传下来的后代，因为我这个提倡绝育手术的小叮当姐姐，却再也不能延续子孙，成为了最后一代。我希望在它去世前，能紧紧地把它抱在怀中。考虑到狗狗被我养成的脏兮兮的排便习惯，于是诞生了子母床。

现在狗狗已经6岁了，正在进入老年期。最近几年它的排便习惯更差了……早上起来后它的被褥总是湿漉漉的，这已经是家常便饭了。虽然一开始制作子母床是为了避开狗狗，但我却有了许多意外的收获。

我住上了小时候梦想的双层床铺，

有时候像是住在树屋，有时候像是住在阁楼中，

昼夜不分地在我身边缠绕的梦幻氛围，让我拥有了少女般的情怀。

而且子母床的下面承担起了仓库的责任。以前使用矮床的时候，墙壁的一面满满的都是行李，给人以压迫感。而现在俯视它们比以前仰视它们时更能获得心灵上的安宁。

子母床上面的空间不只是睡觉的地方，还是我自己的一个秘密基地。在大家所不知晓的各个角落里，还藏着我的应急资金。（这一段千万不能被妈妈看到！）

刚刚制作完成子母床后，我真想在这里睡觉。但渐渐地，我开始把显示器搬到床上看电视，而键盘和鼠标也跟着搬了上来……

因此，我干脆制作了一个可当作折叠式迷你桌子的收纳箱。看电视或电影、玩博客、玩游戏、浏览网页等所有的电脑业务都可以在这个地方解决。不仅如此，我还在这里绘制木工用图纸、做简单的针线活、剪切图案模板，等等。它成为了我进行作业的空间。

与“年老的叮当小仙女居住的不到 7 平方米的永无乡”这种夸大的说法不同，实际上这个空间每个角落都几乎做到了物尽其用。

在床尾部分，我安装了桌子作为我进行作业的空间；而在床头部分，我制作了收纳箱作为床头柜。

在床头收纳箱的上半部分，我没有安装门板，而是用窗帘进行遮挡。这里是放置我所喜欢的翻新材料和油漆的地方。

如上所述，我在各个空间制作的各种家具都至少具有两种以上的功能。

공로상
SOYBEAN

一直以来，

对于收集到的各种小物件

我都舍不得扔掉。

因此，

实际上我的装修

至今还处于未完成的状态。

世界上无论什么事情

都有一定的规律。

东西多的话，

空间也会相对地

变得更窄，

但正因为这样

才称得上是

人们生活

的“真正”面貌……

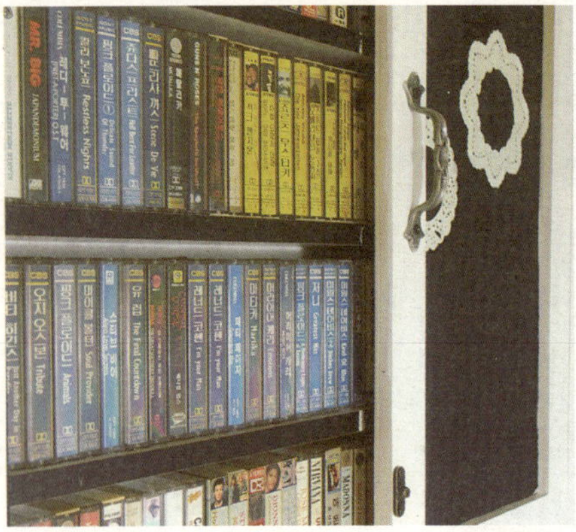

这是小时候我瞒着严厉的父亲，偷偷买回来的磁带。之所以到现在还保留着这些磁带，是因为我想象着也许闲暇时间可以安静地欣赏这些音乐。

盛放磁带的柜子落满了灰尘。我为柜子做了扇漂亮的门，这样灰尘就飞不进去了，让这个狭窄复杂的房间变得整洁起来。

我用过时的衬衫给电风扇做了件衣服。

这是用旧收纳箱制作而成的迷你壁挂式搁板，用来放置每天洗脸要用到的各种化妆品和用玉米罐制作的笔筒。

想要拥有浪漫的蕾丝灯罩吗？方法十分简单，大家可以亲自动手去做。

如果直接购买，会花很大一笔钱。而亲手做这种小物品，并享受使用它所带来的乐趣，大概是“DIY”吸引我们的最大的魅力所在吧！

这是用捡来的收纳盒制作的收纳型显示器支架，下面装满了各种零碎小物件。

用毛巾制作的北欧风布艺鼠标垫，是为我的空间打造的又一个亮点。

“白雪公主为了躲避恶毒的继母皇后而藏身在七个小矮人的屋子里，也许他们住的屋子就是这个样子呢。”这是基于我的想象打造的浪漫自然风木床安全箱，我把电器和插座都藏在了里面。

这是用废弃的物品制作的!

玉米易拉罐变身笔筒，
狭长的红参易拉罐
成为放置干花的花瓶，
巨大的辣椒酱盒子中，
收藏着针线模板和
卷成卷轴样式的图纸，
那么那些扔掉不用的衣服上的纽扣呢?

隐藏在我内心的感性随着年纪的增大，
有时候会给我带来压力，
但当我开始将这种感性向外表现出来后，
我身上的变化越来越大。
这个狭窄的老房子，
成为了我的画纸。
虽然画在上面的图画不知道什么时候会被我擦去，
但新的图画
必然会伴随着我的灵感
重新出现在画纸上。

利用书橱制作的 廉价子母床

照片为两个长 1100cm、宽 1100cm 的书橱叠在一起使用的场景。它是 20 年前在小区的橱柜店里定做的。当时虽然是根据房间量身打造的书橱，但随着生活方式的改变，每次看到它都让我感到十分郁闷。

因此，我决定将两个书橱分别放在床头和床尾，作为子母床的支柱。

操作方法

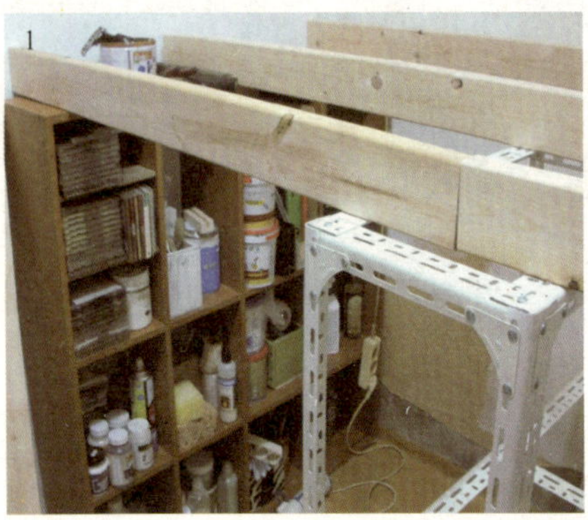

1

1-1

1. 由于床占据了从一面墙到另一面墙的位置，所以比市场上销售的床要长很多。对于不太懂载重知识和专业木工知识的我来说，床的安全性是最重要的。正当犹豫是否再做一个书橱放在两个书橱的中间时，我得知铁架要比书橱便宜很多。最终我决定用铁架来代替书橱。我认为床的下方不会经常用到，把它当作储物空间使用就行，这样就能够制作一个花费较小的床。

1-1. 首先将两个书橱放在床头和床尾，两个书橱的中间放置一个与书橱高度相同的铁架，形成“三”字形的支柱。在书橱上面放置的木板的大小为 38mm×89mm 的 SPF 木材。将 38mm 厚的木材竖起来，要比横放更能增强木材的荷重。这种 SPF 木材可以在相关网站上订购，购买时有的物流公司能够配送最大规格为 1200mm 的木材，如果另外多支付些物流费，就可以自由决定木材长度（我的是 2400mm），由商家负责将木材做成想要的大小后再配送。如果将木材切成 2400mm 大小后，我觉得会在一定程度上减小施工的难度。这样完成后，书橱作为床的两条腿，就更加结实了。

2. 用直角的角铁将下面的支柱和SPF木材连接在一起。用角铁将木材和铁架连在一起时，由于铁架上为镂空形，无法用螺丝固定，所以我在铁架的下方加了一块木板。3.SPF木材的间隔大概为30cm。如果下面的支柱够结实，那么这样的间隔就足够了。4. 在固定好的木材上覆盖一层18mm的美国松胶合板。我买了两块1200mm×2400mm的原装木材，买回来后根据实际情况切割使用。购买美国松胶合板是因为在相同厚度的木材中，这种木材更结实，价格也更低。当然，如果条件允许，大家在制作时可以选择SPF木材来代替胶合板。但对我这个无业游民来说，只能选择这种便宜又结实的木材了。在木板经过SPF木材的地方，用钻头作业的方式进行固定。5. 做完这些后，SPF木材被覆盖的地方，似乎像一个瓶盖。6. 没办法，我只好用美国松胶合板将这里遮住了。这样子母床的框架算是基本完成了。7. 由于是睡觉的地方，所以我使用了天然环保的油漆刷漆。刷漆时，第一遍用刷子刷，第二遍用海绵慢慢刷。刷两遍漆后，虽然是胶合板，但上面隐约可见的木节使得它的实木风格尽显其中。

子母床下面的空间被我用来放置衣服。明亮的白色和温暖的实木颜色十分搭调。

市场上有很多种储物箱，我选择了一家名气比较不错的品牌。它是专门做儿童家具和定制家具的木工房的。它跟我是博客上的好友，只凭这一点，我也会选择它家的产品。我的许多博客好友在装修中都给予了我莫大的帮助。

储物箱可以推拉，十分方便。而且一共有六个储物箱，我可以按照衣服的种类存放。该储物箱自然清新的风格也特别适合儿童房。

子母床梯子

由于房间狭小，东西也比较多，所以我没有做固定式的梯子，而是做了一张可移动的梯子。这样，在打扫房间或者其他需要移动梯子的时候，可以轻松将它搬走。

制作梯子时，我使用的是厚度为 38mm、宽为 89mm 的 SPF 木材。梯子的两根长杆和三根横杆是直接在网上购买的成品。

操作方法

1. 为方便踩踏，设置横杆时要适当地倾斜。安装最上面的横杆时，它的两边一定要正好安装在长杆的两边。越往下，横杆应该越往外露。2. 横杆的上下两侧都要安装直角形角铁进行固定。虽然样子不算好看，但对我来说应该算是最便宜的木工活儿了。3. 安装横杆时，一定要注意，越往下，横杆越往外露。在下雨天需要快点儿收衣服，玩泰山游戏的时候，这一点显得尤为重要。4. 使用的 SPF 木材的四面，在购买时已经用刨子打磨光滑了，甚至连棱角处都很光滑。不过由于打磨得“太过”光滑，所以踩上去有点儿滑脚。为了将它打造成有点儿摩擦、更加漂亮的梯子，我使用了烙桐法。将梯子拿到院子里，用电烙铁对木板表面进行烧烤。5. 用铁刷将烤焦的部分刮去，这样漂亮的木头纹理就出来了。而且光脚踏在上面的感觉特别好。6. 将熏黑的部分刮去后，刷一层蜡油，再刷一层白色的油漆，最后用砂纸打磨光滑。

有着如鲜花绽放般木纹的
梯子诞生了。
也许
我需要再做一个
更小的梯子。
在往二层楼的中间位置，
将旧式的厕所屋顶作为平地
已经
很长时间了。
母亲特别希望拥有
一个梯子。

旧家具的变身，
门的装饰

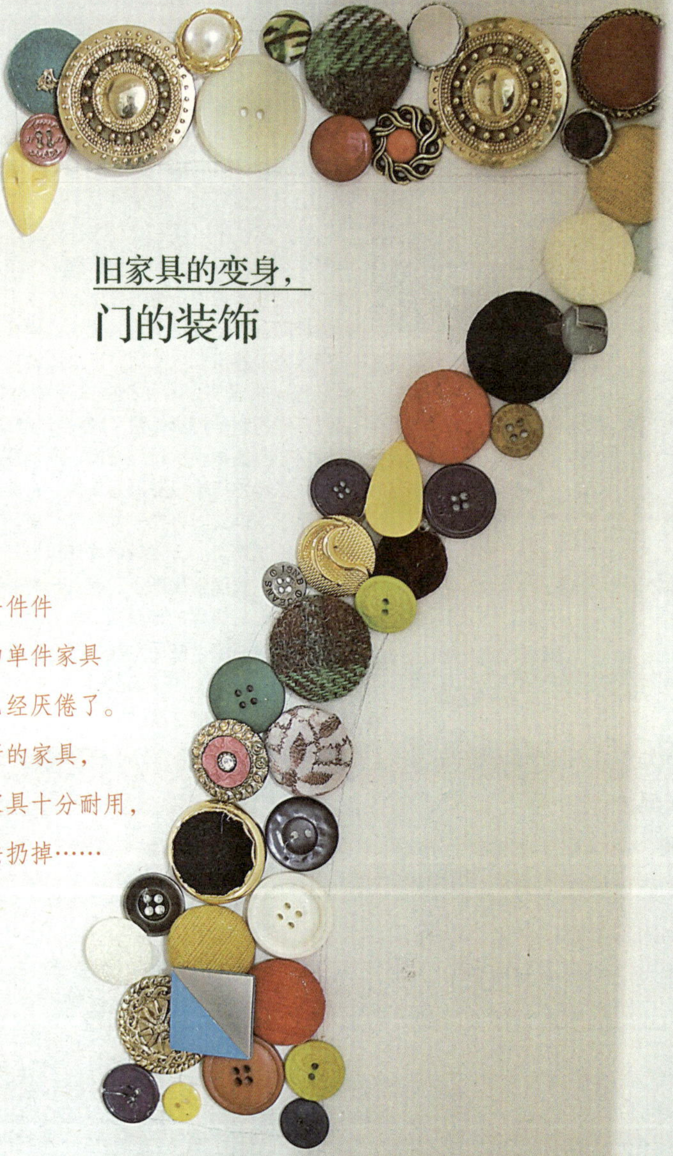

以往一件件
购买的单件家具
现在已经厌倦了。
想买新的家具，
但旧家具十分耐用，
还没法扔掉……

最初装饰门的时候，我选择的是普罗旺斯风格。最近我把它换成了简单自然的风格。

“DIY”装饰家具的优点就在于能用最少的花费随心所欲地变换风格。与其扔掉旧家具，不如使它稍加变身，这才是省钱之道。

我在小区的商店里为壁挂式收纳箱定做了窗帘。购买壁挂式收纳箱的费用比市场上卖的一般收纳箱要便宜得多，不过它的颜色真的不让人喜欢。随着使用的时间越来越长，我也越来越讨厌泛着樱桃红的家具。而且最让我忍受不了的一点是，正因为它，才使本来就小的房间看上去更加狭窄和零乱了。

操作方法

● 首先，从门的变身开始

1. 大概是我在门上贴上木纹式壁纸，对翻新和“DIY”兴趣逐渐增多的时候吧！我积极参加木工“DIY”论坛的各种活动，获赠了许多木材。不是木纹式的壁纸，而是真正的实木。我决定用它来做门。2. 获赠的木材为 4.8mm 的美国松胶合板，我先把它贴在了厨房门上面，没想到还有剩余呢！我把贴樱桃色的门需要用到的木板切好并用砂纸打磨。3. 上色。在水性樱花树色着色剂中加入黑色漆，然后给木板上色。4. 上色完毕后，在木板的背面涂上木工胶，贴在门板上，并用电动码钉枪进行固定。“砰砰砰”！快乐地享受枪声。5. 门变身成了实木风格。虽然这样的颜色也可以，但考虑到不到 7 平方米的房间太过狭窄，因此我决定将其刷成明快的颜色。6. 在棱角处涂上蜡后，将门刷成白色。将棱角处的白漆剥落。7. 现在，铁板风格和实木风格兼具的家具完成了。樱桃色的家具就这样消失啦！

●● 其次，灵活运用旧纽扣

1. 扔掉旧衣服之前，无论衣服再怎么破旧和过时，都要把纽扣摘下来。因为纽扣可以用在很多地方。2. 果断地用铁钳将纽扣钩拔下来。3. 用打胶枪把胶打在纽扣平滑的背面。4. 事先在门板上将喜欢的图案、文字、数字等画出来，然后用纽扣进行填充。先贴大的纽扣，再寻找空隙把小的纽扣贴上，填充完后即告完成！可以做一个很显眼的心形图案，也可以拿自己名字的第一个字作图案。无论是贴在浴室、厨房、儿童房，都特别漂亮，也可以把它装饰成画，挂在墙上作为装饰品。

收纳空间不足时，
空荡荡的
墙壁
便成为了
我们攻略的
空间。

如果想要收纳
琐碎的小物件，
只需要一些
零碎的木材
就可以了。

想象力中的
不规则
让墙面的利用率
达到了 200%！

利用零碎的木材制成的艺术品

床头的
收纳空间

由于床占据了一面的墙壁，所以就用不到太大的床头柜了。我制作了一个 12cm 高的收纳柜，当作床头柜使用，将无处可放的油漆放在里面。

该收纳柜的制作方法十分简单，花费也不多，是一种实用型的收纳柜。用心寻找，我们会发现其实周围有着很多的收纳空间。

操作方法

1. 将细长的搁板竖直安装在侧板上。2. 搁板全都安装在侧板上以后，将剩下的另一张侧板也安装好。在后面安装两个结实的挂钩，挂在墙上使用就可以了。3. 考虑到倚在上面时要保证肩膀和头部的安全，我决定制作两个门板。我购买了两张 15mm 的杉木。用铲形钻头钻孔，将钻好的孔洞作为拉手。与向外凸出的拉手相比，这种样式的拉手更能方便人倚靠。而且，这样也可以节约购买拉手的费用。4. 拉手洞孔完成。5. 剪一小块砂纸，团成一团，将洞孔内侧打磨细滑。

6. 涂抹一层天然木蜡油，用干棉布擦拭干净，安装上漂亮的合页。7. 在安装门板前，我先安装了其他东西来代替门碰。虽然可以直接安装磁铁或其他形式的门碰，但考虑到只要能阻拦门板进入收纳箱内部就可以，我选择了在收纳箱底部安装一块木板来代替门碰。如照片所示，我在用螺丝固定的时候，木板裂开了。但木板看上去固定得十分结实，所以我也没再采取其他措施进行补救。像我这样吝啬小气的人，应该十分稀有吧！

这是安装好门板后的样子。我只在下面安装了门板。反正在倚靠的时候，我的肩膀也接触不到上面，所以我在上面安装了窗帘杆，用漂亮的窗帘进行了装饰。

废弃家具的新用途，

制作电脑显示屏下的收纳箱

博客上认识的一个朋友在循环利用箱中发现了别人扔掉的抽屉架，认为我可能会用得上，于是快递给了我，希望我能把它“物尽其用”！这个抽屉架虽然连底板都没有，但里面有很多小隔板，所以我觉得如果将它做成复古风的收纳箱，一定特别漂亮。

本着“实用第一，漂亮第二”以及“抽屉就得起到抽屉作用”的原则，我把它做成了一个收纳箱，用来放置会把床铺搞得一团糟的小物件。

与那些喜欢买昂贵木材做家具的人相比，我更喜欢那些赋予废弃的家具新生命的人。在他们身上，我好像看到了对于某些事情（如地球健康或低碳运动等）的使命感。

操作方法

● 首先，从修理抽屉开始

1. 将沉重的中密度纤维板前板和滑轨取下来，用抹布擦干净。这个废弃的抽屉上布满了灰尘和霉斑。2. 在裂开的部分涂抹木工胶，并用木工夹加固。像这样在木头开裂的部位使用木工胶和木工夹进行固定后，可以使其完好如初，丝毫看不出开裂的痕迹。3. 将横向的木板切割成适当长度，打造成我喜欢的较窄的收纳尺寸。4. 安装竖向的木板之前，将抽屉用白色的油漆刷 3 遍，等待其充分干燥。5. 这个抽屉的底板为嵌入式。嵌入式底板一般在框架的内部四面都挖有木槽。木槽的厚度多为 5mm。因为底板多使用厚度为 4.8mm 的美国松胶合板或中密度纤维板。这个底板的大小为“抽屉横向内径 +9mm × 竖向内径 +9mm”，即在测定好的内径中多加 9mm。6. 将美国松胶合板切割成事先计算好的大小。7. 将底板通过木槽嵌入；最后，安装好之前卸下来的竖向木板。修理完成。

●● 其次，组合抽屉

1. 在抽屉的侧面安装塑料滑轨。这个滑轨是我在扔掉旧家具时，从上面取下来的。2. 在抽屉的前板有些去不掉的划痕，所以我在上面涂抹了木工胶，将切成适当大小的 4.8mm 美国松胶合板贴在上面，并用电动码钉枪进行了固定。3. 由于胶合板较薄，所以很多地方都鼓了起来。我用木工夹夹紧这些鼓起的部位，使它和原来的木板贴紧。如果没有小型木工夹，也可以使用结实的晾衣夹来代替。4. 现在做的是兼具显示器支架和抽屉框架功能的木框。木框的高度要比抽屉高大约 5mm，在这里我使用的是 15mm 的美国松胶合板。将木板做成“ㄷ”形。

●●● 最后，组合与刷漆

1. 在“ㄷ”形的木板上安装上板。它与一般的显示器支架构造相同，但尺寸要大一些。2. 将制作完成的木框和抽屉的前板刷白色漆。刷 3 遍以上才能变成白色。3. 用 220 目的砂纸打磨光滑，在上面做一些模板图案，刷一遍水性清漆，最后安装拉手。4. 把抽屉放进木框中，收纳型显示器支架就完成啦！

纯粹又有些无聊的感觉……

就像是安慰因为各种颜色的物品而感到厌烦的心情一样，

我打造了纯白冷静的休憩之所，

也为到处乱放的

衣服准备了收纳的地方。

只需要一些油漆，

打印一两张

图案标签，

就能把世界上的各种盒子

来一个华丽的变身。

用辣椒酱盒子制作的复古风盒子

1. 将盒子表面擦干

2. 涂抹一层底漆并等待其干燥

3. 多涂抹几遍面漆以隐藏上面的商标

4. 用打印出的图案进行装饰

5. 准备两张胶合板，以及拉手

6. 将木板贴在盒子内部，安装拉手

7. 盒盖上安装木块形拉手

价格不菲的北欧小物件，

自己动手制作

我们来挑战一下吧。

最近几年，装修界掀起了北欧风格的装修热潮。北欧风特有的感性引起了很多人的共鸣，但由于装修价格昂贵，所以以我的经济条件很难实现这样的装修。那么就没有别的方法了吗？当然有了！在一些制作简单、装修容易的小物件上，就可以轻松演绎出北欧风。制作世界上独一无二的鼠标垫、收纳桶……这些小物件，一直给我一种愉快的享受。

斯堪的纳维亚的感性？

只要能愉快地享受这些，那便是我的风格。

操作方法

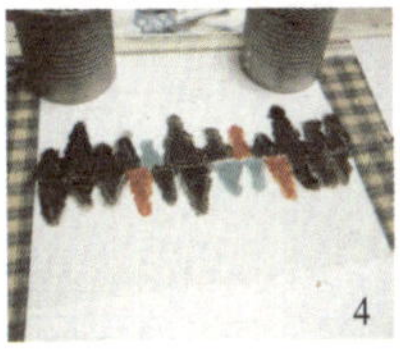

1. 剪切一块北欧风棉布原单和一块白色的亚麻布。其中包括 1cm 的缝头部分。2. 在透明的塑料纸上画两条长线，并在上面画一些不规则的山。用壁纸刀将这些“山”形剪切下来。3. 将亚克力颜料和亚克力颜料辅助剂按照 1 ： 1 的比例混合。4. 将模板放在布料上，用喜欢的颜色涂抹填充。5. 数字和文字也可以使用图案模板。将图案模板专用的字体打印出来，用壁纸刀进行镂空处理，就能做出具有个人风格的图案。

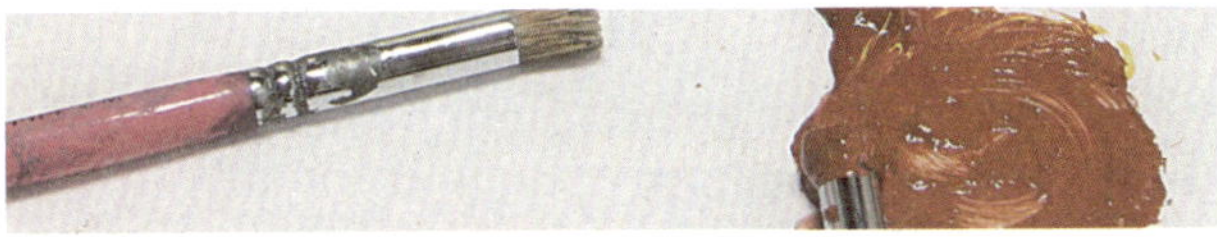

6. 等待颜料干燥后，将布料翻过来，用打开棉织物档的熨斗熨烫 10 ~ 20 秒。熨烫完成后，上面的颜色就算用水洗也不会脱色。7. 将两块布的正面贴在一起，用定位针固定。留出大约 5cm 的洞口，将两块布的边缘固定住，这里可以用手固定。8. 将两块布从洞口中翻过来，露出正面，然后用熨斗熨烫平整。带有亚克力颜料的地方一定不能直接接触熨斗。9. 洞口留出 2 ~ 3cm 的缝隙，其余部分用线缝合好。布的边缘缝合好后，斯堪的纳维亚风格的鼠标垫便完成了。

在牛奶桶表面使用图案模板制作成的北欧风收纳桶！

制作优雅的
蕾丝灯罩

我的品位比较俗气，
所以比起时髦的造型，
我更喜欢这种带有蕾丝的
优雅。
但是市场上的这种灯具
实在是太贵了，
让我望而却步。
于是我开始思考
到底能不能亲手制作一个呢……
最终我发现了
制作优雅的蕾丝灯罩的
一种超级简单的方法。

操作方法

1. 将气球的底部用重物捆绑好，放在凹陷的器皿中，使其固定住。2. 准备一个镂空处可以通过电线的针织杯垫，以及适当的蕾丝花边。用结实的线将蕾丝穿起来，并拉紧。3. 将缝头部分熨烫平整。4. 可以煮一些面粉糊，也可以直接使用木工胶。制作面粉糊时，要把面粉盛在一个较大的容器中，然后掺入水搅拌至稀薄的程度。

这是我用参加活动获得的蕾丝赠品制作而成的另一个蕾丝灯罩。

5. 确定气球上蕾丝粘贴的地方，用圆珠笔画出来，然后开始将蕾丝粘在上面。粘贴时，将缝头部分整个放在木工胶中，挤出多余胶水，如有胶水不足的地方可用毛笔修补。6. 上面的蕾丝也使用同样的方法粘贴。将两块蕾丝相交的部分用木工胶粘贴结实，使两块蕾丝连在一起。7. 将杯垫浸在木工胶中，挤出多余胶水，然后贴在气球的顶部。等待胶水完全干燥。8. 一般将气球放置大约一天的时间就可以了。等到晚上的时候，气球中的气体会慢慢自己放出来。如果没有放出来，可以将气球戳破。之后，将气球取下来，将电线从针织杯垫的镂空处穿过，安上电灯即可。

如果
喜欢
岁月的痕迹

•
•
•

想要扔掉记录了我青葱岁月的台灯，
却在扔掉时忍不住流泪……
“坏掉吧，坏掉吧，快点儿坏掉吧。”
但任凭我怎么祈祷，“它就是不坏呢！”
我的旧台灯在过了 20 年后，
还能正常使用，
它的退休年龄一再推迟。
而随着时间的变迁，
我的品位也有了很大的变化……
但只因为这点就把还能用的东西扔掉，
对我这个经常捡别人扔掉的东西的吝啬鬼而言，
是不可能发生的事情！

在翻新家具这个崭新的世界里，

我发现了很多新奇的事物。

其中之一便是特殊油漆中的腐蚀油漆。

经过几小时的作业，

我的旧台灯

就变成了

一件工业做旧风的物件。

油漆和腐蚀液套餐大约为 20000 韩元（折合约 120 元人民币），

大概做 10 件家具都绰绰有余。

如果有特别喜欢这种工业做旧风的人，

会十分惊喜吧！

来挑战一下吧。

咖啡屋式的物件

很轻松就能做出来。

一束花为我

一束花为她

清洁老房子中

幽深昏暗的厨房

像这种老式的单独住宅，

一般都喜欢将厨房设计成一个独立的房间，

因而导致这个空间的采光和通风很不好，

也使得人们无法在做料理时存在更美好的幻想。

在外面阳光普照的时候，

没有开灯的厨房就像是地道一样黑暗。

我想将这种漆黑赶出去。

为让厨房的整体感觉更加明亮，
我选择了
比白色更纯洁、
更干净的奶白色
作为主色调！
虽然没有窗户可以让阳光照射进来，
但因为厨房变得明亮，
午后的咖啡杯上
似乎都写满了幸福。

一些材料和

想要改变的热情，

以及

勇气，便是我所拥有的全部。

在变身后的厨房里，

做出全家人都能够品尝到的

一碗温暖的米饭，

香浓的大酱汤……

在贴着古老的瓷砖式壁纸的厨房墙壁上涂抹了防水材料后，
田园风、咖啡屋风、画报风……
任何美词丽句似乎都无法描绘出它给人的感觉。
在一个业余人士不成熟的手艺下装修成的这个墙壁，应该是独一无二的吧！
强调旧墙壁复古风格的这个感觉，真是愉快、爽快、痛快！

确定布局

这是刚开始收拾厨房时的场景。在这个用了 20 多年的橱柜上，我既买过壁纸来装饰，也将破旧的镜框涂成过黑色，但都没什么效果。而且厨房里没有抽油烟机，只有一个小小的换气窗在煤气灶的旁边，十分不方便。在巴掌大的灶台上切完葱，送到煤气灶的时候，也发生过许多次把葱贡献给地板的情况……

我想起经常在装修博客上见到的防水材料。很好，很好！价格便宜，做出来的效果也很好，是一种性价比很高的墙壁装饰用品。在对厨房或浴室等水汽较多的地方装修时，一定要选择防水性能好的防水材料。涂抹时，使用千金屋牌的塑料铲代替滚筒，会更加方便快捷。

然而有一天，幸运来到了我的身边。我在免费更换抽油烟机的活动中中奖了！！我至今还记得打扫抽油烟机安装的地方的那几天，我的心情如同要出去约会般激动不已。我将微波炉和煤气灶的位置互换，并且苦恼要怎么处理土到家的墙贴……当时的我，就像要迎接尊贵的客人一样，心脏“怦怦”地跳个不停。

用防水材料施工后，整个墙壁看起来十分干净明亮。等一天的时间，待防水材料充分干燥后，再使用水性清漆刷 2 ~ 3 遍，进行收尾作业。当初施工时，有很多人问：“如果墙壁溅上泡菜汤怎么办呢？”但从施工到现在的两年中，墙壁仍洁白如初，没有任何问题。在收纳柜的下方，原来是没有门的。我决定为它做两块门板，将零碎的东西隐藏起来……

我将隔板进行了加宽。用适当大小的美国松胶合板涂抹木工胶后粘在上面，并使用螺丝加固。

为了方便安装门板，收纳箱的上方也安装了一块狭长的加强板。

在两块杉木板背部安装加强板，做成了简单的门板。照片中白色的加强板可以用铁板代替，也可以在网上购买适当大小的木板。将门板涂成白色。

这是制作完成的门板。将布料专用贴纸贴在门板上。在网上的布料商店里就有这种专用贴纸，使用时需要用熨斗熨烫，价格在 1000 ~ 3000 韩元（折合约 5 ~ 18 元人民币）。虽然是布料专用贴纸，但也适合用在木材上。将装修当作日常事项之后，我有一段时间特别沉迷于使用这种不会留下任何印刷痕迹的贴纸。

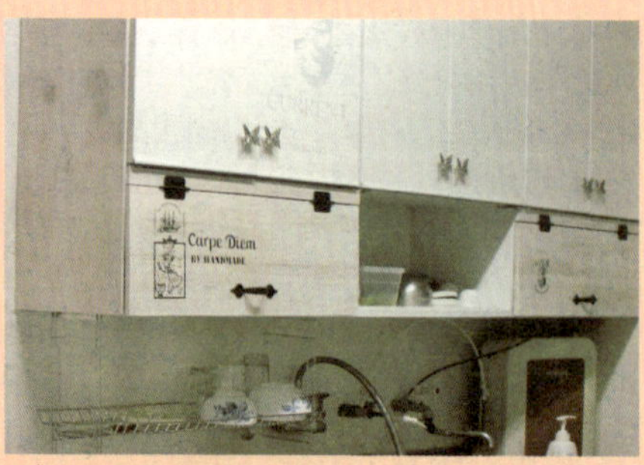

这是装上门板后的样子。为了安装抽油烟机，我将煤气灶和微波炉的位置进行了互换。互换后的煤气灶就在洗涤槽旁边，十分方便。我在论坛中奖获得的这个抽油烟机是商场里中的高价产品。这也是我将装修和博客并行的原因之一。很多企业为了提高自己产品的知名度，都会在相关论坛上举办各种活动，大家可以关注下，也许会有意外的惊喜呢！

旧家具的再利用
和翻新旧橱柜

如果你的家因为太过破旧，
不得不搬到新家的话，
在将橱柜和其他大型厨房家具全部更换时，
费用肯定会难以承受吧？
对我家的厨房，我在忍受了10年后，
真的是忍不下去了！
为了装修这个破旧的厨房，
我拿出了笔记本开始计算费用。

翻新旧橱柜

这个橱柜已经使用了 20 多年。

我把贴在上面的各种广告纸揭了下来，把橱柜擦干净。

考虑到厨房的采光不好、通风不畅，我决定将橱柜的颜色刷成干净明亮的白色。

如果不喜欢纯白的颜色，可以选择奶白系列的颜色。

考虑到家人“白色 = 医院”的看法，

我选择了奶白色。

在这狭窄的房子中，只涂一种颜色似乎有些单调。

在时尚现代的厨房家电和旧橱柜之间，我用了黑色加以点缀！

所幸没有超支。

干净整洁的厨房装修完成了。

我在已经千疮百孔的
橱柜门上
粘贴了家具用
美国松胶合板，
并进行了做旧处理。
赋予门板古老气息的
做旧法，
是装修老房子时
最好的创意了。

由于长时间使用，
厨房中散发出一种
自然古朴的气息；
而装修后
它变身成了欧式复古风格。
每次站在这个白色的厨房面前，
我总是忍不住
想要拥有得更多。
我还想把橱柜不锈钢的表面
换成木制的。

操作方法

● 首先，制作门板

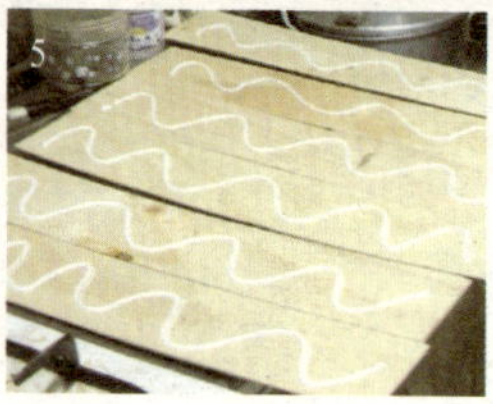

1. 我使用的家具后板都是4.8mm美国松胶合板。可以购买后自行切割，也可以购买时要求商家将木板切割成你想要的尺寸。2. 按照橱柜门的大小，用短锯切割木板。3. 将木板的四角打磨圆滑。打磨时，可以用砂纸、刨子或者刮土豆皮用的刀子。4. 涂抹一层木器涂料。这里涂料的颜色为做旧后显示的颜色。5. 将涂上木工胶的木板贴在橱柜门上，用电动码钉枪固定。

●● 其次，刷漆

1. 这是将木板完全贴上后的样子。这个样子也特别漂亮。2. 我个人更喜欢明亮的白色……在门板的一些地方涂抹蜡烛，然后将门板刷成白色。蜡烛能阻止木头对油漆的吸收，并且能轻松地使亮色调漆（白色）脱落。因此蜡烛只要在想要白色脱落的地方涂抹即可。3. 反复刷白漆，直到之前的暗色调被彻底掩盖。完成后，打磨之前涂有蜡烛的部分，使白漆脱落。打磨时可以使用100目的砂纸、刀背部分、塑料尺等工具。4. 最后为防止污染和脱水，可刷一遍清漆。由于厨房和浴室等地方湿气较大，所以与一般的丙烯酰胺树脂清漆相比，防水性能好的聚氨酯清漆更为合适。现在就算有泡菜汤溅到门板上，也可以安心了——用湿抹布就可以轻松地将污渍去除。

过时的餐具橱，变身为普罗旺斯做旧风家具！

厨房里已经用了十多年的餐具柜
早就过时了。
餐具柜暗淡无光的颜色
成了洁净厨房的敌人。
那就让我们一起来变换气氛吧，耶！

底漆、油漆、刷子，

只用三种工具就能够完成的
做旧普罗旺斯风的餐具柜。
无法用金钱来衡量的你，
魅力无限。

餐具橱中摆满了
古老的餐具。
怎么处置这些餐具呢？我很苦恼……
我在餐具橱内部
利用零碎的木板
制作了一个“ㄷ”形的辅助隔板。
这个隔板看起来很好看，使用起来也很方便，
每当我从餐具橱中拿餐具时，
再也不用担心会出现“哗啦啦”的
餐具倒塌的声音了，
这有益于我的精神健康。
同时我也发现
妈妈这些过时的餐具中，
还真的有很多不错的呢！

在没有门板的搁板上，
我安装了收纳式木箱
将到处乱跑的物品
全都放在了里面。

习惯把所有东西都摆出来使用的母亲和把所有东西都隐藏起来心情才舒服的女儿。摆满，隐藏，这要怎么收拾呢？

迅速行动。
刚才看到妈妈拿出什么东西了！
反击……
一天都没能闲下来。

操作方法

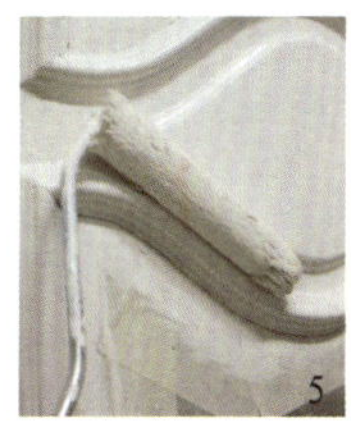

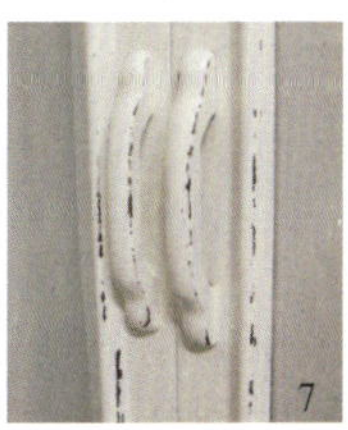

1. 颜色暗淡的餐具橱。将所有餐具都拿出来，将餐具橱擦干净。2. 需要的材料和工具为底漆、水性漆（家具用）、1 ~ 1.5 英寸的小海绵刷、滚筒。3. 餐具橱的内部刷一遍底漆。等底漆干后开始正式刷漆。反复刷漆直至原来的颜色被完全遮盖住。一般刷 3 遍就可以了。4. 橱门在刷漆前涂抹蜡烛，这是为了做出复古风。5. 刷漆时面积宽广的地方用滚筒，狭窄的地方用斜头刷和海绵刷。6. 暗淡无光的餐具橱的变身。这种刷漆作业不需要多么高超的技巧，只要有韧劲和耐心就 OK。7. 餐具橱的外表刷漆完毕后，用砂纸打磨涂抹有蜡烛的地方，使白漆脱落。看到我用砂纸打磨时，父母很奇怪地问我："你这么费劲儿刷完漆了，为什么又要刮掉刷好的漆呢？"油漆刷得再好，用久了也会有脱落的现象。我特别讨厌那种瑕疵。所以现在我主动刮掉一些油漆，来克服对这种瑕疵的厌恶。顺便通过这种方式隐藏作为新手粉刷匠的我的刷漆实力。

很久之前购买的这个毛巾挂架，
已经变得十分破旧，
为了使它与焕然一新的厨房更搭调，
我决定对它进行翻新。
与翻新餐具橱的过程相同，
只要愿意并且有足够的耐心刷漆，
并在上面安装餐巾纸架，
一件精致的古典家具就大功告成了。
在“DIY”材料的网站上，
可以购买到不同种类和设计的餐巾纸架，价格也十分便宜。

啊啊，
甜蜜又美丽的厨房啊……

你是我花了不到一百万韩元（折合约 6000 元人民币）
装修而成的
我的厨房。

利用狭窄空间的

便利的厨房收纳家具

狭窄拥挤的厨房，

怎么才能充分利用呢？

那就需要

木材需求量小、

空间占用量也不大，

但是却非常实用的

厨房收纳家具了。

它非常适合在狭窄的空间使用。

冰箱的顶部，米柜的旁边，

这种狭窄空间在厨房里到处可见。

即使只有一拃长的空间也不能放过。

好，现在就让我们来给空间做减肥运动吧！

出发！

对冰箱顶部的攻略

要充分利用冰箱顶部的空间。

最近，市场上那种价格昂贵的一体式橱柜十分受欢迎，但在这种老房子中是不适合安装一体式的橱柜的。虽然在冰箱旁边的墙壁上做一个壁橱会很实用，但这样一来所需要的木料就会大大增加。想到我手中所剩无几的钱，我决定干脆做一个简单的木箱子放在冰箱上面，然后把东西统统都收纳进去！

这是使用冰箱顶部空间时需要注意的事项。一般冰箱都有这种散热的地方。对于散热的地方，一定要留出适当的空间，以避免阻碍冰箱散热。我在散热处制作了一个“Π”形的挡板，为散热留出了充足的换气空间。而挡板的上方我并没有放过，这才是真正充分利用了空间……

操作方法

● 首先，制作箱子

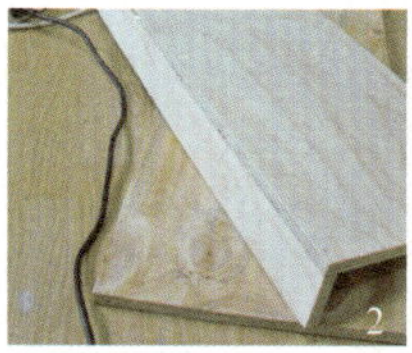

1. 我选择的是廉价的 15mm 的美国松胶合板。我准备在箱子的前面设置一个挡板，以便安装门板。

2. 在横向的木板上安装挡板，使两块木板呈“ㄱ”形。

3. 安装侧板和上板。

4. 将上板安装好后，带有挡板的木箱就制作完成了。

5. 制作门板。做一个相框形状的简单门板。

●● 其次，刷漆和装饰

1. 开始整体刷漆。

2. 装饰如同相框般的门板。在网上找出波特美林风格的植物，并打印出来，做成模板图案涂在门板上。虽然现在看起来有点儿土，但刚刚做完的时候，我特别喜欢它。

3. 安装门板前，先安装门碰。

4. 用合页将门板安装在木箱上。轻轻地碰到门碰，门就关上了。这里要说的是，在购买木材时，因为我的失误，门板买大了（所以大家要多看几遍图纸）。尽管如此，门板和门碰还是挺合适的。

考虑到我们家每次
都要买 20 千克的大米，
我特意制作了一个米柜。
在做米柜的时候，
我正沉迷于烙画法。
我认真地在米柜上画了一只美丽的孔雀，直到现在，我的母亲
还特别喜欢
我的这个作品。

为我们家量身制作的杉木米柜

这个米柜刚好能容下
20 千克的米袋。
我将木柜顶部的木盖做成两扇，
平时取米的时候，
只要打开一扇盖子就可以了；
需要更换米袋的时候，
就将两扇木盖都打开。
米柜下面的白色箱子，
是我用购买的半成品制作的收纳箱子，由于用处不大，
所以现在被我当作米柜的置物架了。
白色箱子的底部安装着滚轮；
是为了方便在打开后面的餐具橱门时，可以轻松地将其移开。

操作方法

从杉木米柜中取米做饭，似乎听到饭熟的声音！

1. 在米柜的前板用烙画法画画。做完后感觉我的眼珠都快要掉下来了，但是当我看到最终的成果时，一股油然而生的“自豪感”涌上心头。2. 组合米柜。那时我还不懂木头纹理的方向，由于害怕侧板会沿着木头的纹理裂开，所以我特意加了一块加强板。3. 将安装好的米柜用白色的水性涂料刷漆，刷漆至隐隐露出木头的纹理为宜。4. 适当地选择一些模板图案装饰在木板上。5. 用合页安装好木盖。6. 最后刷一遍水性清漆即可完成！

米柜和泡菜冰箱之间，狭长的空间……

角落中的收纳柜

料理师也会羡慕的一体式厨房

让狭窄的空间更加紧密有序！

这是放置各种粮食和泡水用药材的收纳箱。

底部安装有滚轮的收纳柜。

挂在墙壁上的壁式收纳柜。

各种粮食、泡水用药材和调味品等都井然有序地放在了触手可及的地方。

盛材料的容器都是我平时积攒的塑料瓶。

把它们扔掉太可惜，

可是把它们摆放一排在外面，让来访的客人看到，我又会感到很不好意思（事实上是感到茫然）。

于是我绘制图纸，用便宜的美国松胶合板制作了带滚轮的收纳柜，

将这些瓶瓶罐罐都放了进去，“嗖”，塞到了空隙中。

当有人问里面是什么？

我绝对不会说里面是废弃的塑料瓶！

操作方法

1. 订购 15mm 的美国松胶合板。2. 在每个要用作搁板的木材上都安装挡板。在为最中间的搁板安装挡板时，要做得高一些，高度大约为塑料瓶的一半，以挡住塑料瓶。3. 还是刷漆！用水性油漆刷 2 ~ 3 次。4. 先安装一面的侧板，完成后翻过来再安装另一面的侧板。5. 将收纳柜正过来。在底部安装四个滚轮即告完成。

1

2

3

4

5

用零碎的木材制作

超简单置物架

墙壁空间的这个置物架由于十分显眼，所以对于要怎么利用它我考虑了很久。最后我在上面放满了廉价的收纳容器。

1. 需要的木料很少：侧板 2 张，横板 2 张。

2. 用木工夹夹紧，涂抹木工胶后，用电动码钉枪或者“电钻 + 螺丝”的方式固定。这一步骤也可以省略。

3. 用双重钻头在木板上钻孔，再安装螺丝。然后安装两个结实的挂钩，将置物架挂在墙上。

为日常生活增添生机

只要认真寻找，就会发现很多空间。

在作为辅助橱柜使用的爱尔兰餐桌的上面，以及保管速溶咖啡的罐子下面，我放置了一个抽屉式的收纳箱，用来储存绿茶。

我们可以自己动手制作这种小物件，也可以到网上购买半成品，然后稍加装饰。

井然有序 追求便利

将两块木板组合成“ㄱ”形，如照片所示，将其固定在爱尔兰餐桌的一侧，作为放置菜板的置物架。

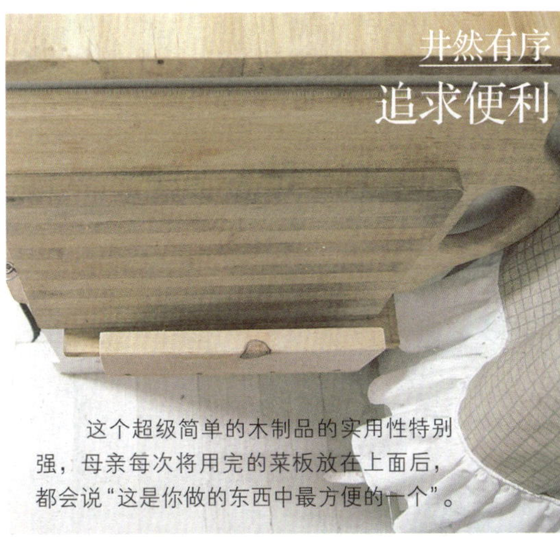

这个超级简单的木制品的实用性特别强，母亲每次将用完的菜板放在上面后，都会说“这是你做的东西中最方便的一个”。

200% 充分利用，
装饰 & 收纳兼用的置物架

速溶咖啡、奶精、白糖……
偶尔的原豆咖啡和漂亮的咖啡拉花模板……
做木工做到手发抖的午后，
加两勺白糖、一勺半奶精，
喝一杯香浓的咖啡来驱赶疲劳。
在全家人聚在一起分享心情的
周末的午后，
在浓郁香醇的美式咖啡中，
我体会到了家人之爱。

让我坚信
能将这个普通老百姓的厨房
变身为咖啡屋风格空间的原因
在于
这个开放式的收纳柜。
它是一种利用搁板的收纳方法。

我用搁板来代替

橱柜下方不足的收纳空间。

制作时我使用了铁制支架。

由于用这种支架制作的开放式书橱十分结实，

所以最近在装修界很受关注。

在国外的装修画报中

经常可以看到这种家具。

虽小却甜蜜的空间。有时候厨房里的这些食材会散发出幸福的味道。

这个空间可以让我尽情地展示将这些香料晒干和收获后的喜悦心情。

充分利用挂满墙壁的
长形置物架

在支架型搁板的下方，
墙壁大约空了一年，
现在我想将它充分利用起来。
因此我制作了一个 8cm 的长形置物架
放在下面。
这个空间是为“咖啡光年”准备的，
一个安静的咖啡屋。

操作方法

1. 这是在木工“DIY”论坛上别人送我的木头。绘制好图纸后，将木板切割成适当大小的块状。
2. 木头都去哪儿了呢？在最上面这里。先将木头摆成这种样式，然后开始组合安装。
3. 首先安装中间的横板。
4. 按照“ㄱ－ㄷ－ㅁ”的顺序安装框架。
5. 将横板安装到“ㅁ”形框架中，事先用铅笔标注出木板与木板的交接处。
6. 将组合完成的置物架刷上白色漆，刷漆至隐约露出木头纹理即可。等待漆干后，用砂纸打磨一遍，再刷一遍清漆。把它放在爱尔兰餐桌上，后面安装上挂钩，固定在墙壁上。将置物架与桌面接触的同时，挂在墙壁上，能使其更加稳固。

家里没有人爱喝酒，怎么会有这么多酒瓶呢？

经常使用的餐具都没有地方搁，

而通过别人赠送或其他方式来到我们家的酒瓶，

却占据了餐具柜的大块地方，显得十分碍事。

与每天都能够取到餐具的餐具橱相反，

我决定在用梯子才能够得着的墙壁上方安装置物架。

因为喝酒的次数不多，如果把酒放在墙壁上方，一年也就会使用到一两次梯子吧。最简单的家具——便宜的搁板，无人工费，再加上高实用性的收纳功能，完美的装饰，这真是一个非常有创意的装修方案。

这是看到我装修完的厨房后，母亲和我的对话。

“厨房怎么这么像酒馆呢？呵呵！”

“那你是金老板吗？哈哈！”

咖啡屋风格的装修

为酒瓶安装的置物架

操作方法

● 首先，确定位置

1. 将装满酒瓶的收纳柜清空，它是由上下两个柜子组合而成的。把收纳柜从厨房请走！我把它放到了弟弟的房间，作为衣柜。2. 当我将两个收纳柜拿走后，发现十多年没有动过的墙壁变成了现在这个样子，让我大吃一惊！ 3. 我用防水材料对壁纸脱落的地方进行了修补，然后开始刷漆！大概刷了 3 遍漆，使其变得洁白如新。为了进行遮挡，我在放置了许多东西的餐具橱顶部安装了一个侧板，并且将它刷成与墙壁、餐具橱相同的颜色（涂酷墙壁用漆）。

●● 其次，制作置物架

1. 准备 19mm 的云杉木板。2. 因为是安置酒瓶的置物架，所以我打起了万分的精神去制作。我决定在置物架上安装挡板，于是将安装侧板所需的木料切割好。照片中的木板都是别人送我的。3. 安装好侧板后，选择并安装一条细长的木板作为挡板。4. 认真刷漆！ 5. 使用锤钻在墙壁上打孔，用锤子将膨胀管打入孔中，再用螺丝将两个置物架固定住。为酒瓶专门设计制作的置物架完成！

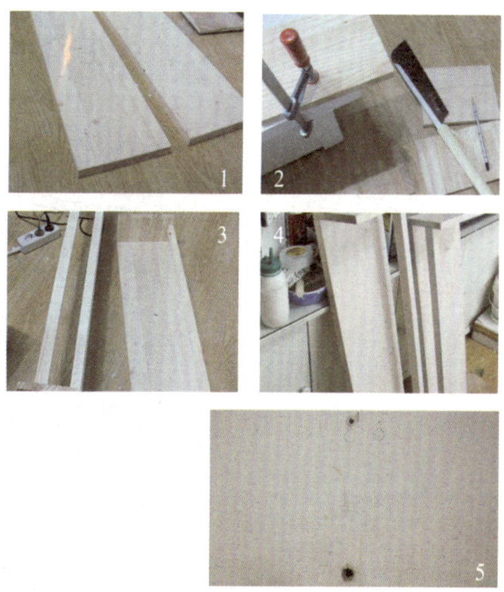

曾经是上村和下村羡慕对象的
我的父母，
很早就结婚了。
从结婚那天起，
他们便住进了一间小小的全税房，
之后又购买了
一处虽然破旧但有着宽阔庭院的房子。
在那个房子中，
第一层是三个浴室，
第二层全部租了出去，
而第三层是我们住的地方。
我们住在那里，直到有一天，
我们不得不搬到一栋单独住宅里。
那天我们都忙着
把房间里到处都是的东西扔掉或打包……

用多样的素材和表情完成的
隐藏的美学

尽管如此，我们无法扔掉的留恋和回忆
像家中爆满的物品一样永远留了下来。
我渴望着简约的生活方式，
而现实是我正生活在堆积如山的行李上。
什么是该死的简约主义？
当我开始装修这个老房子时，
我领悟到
原来装修房子可以分为两大类。
第一，将可以修饰得漂亮的物品摆在眼前。
第二，将无法修饰得漂亮的物品隐藏起来。
事实上，
这个家里要摆在外面的物品
比要隐藏起来的物品多很多。

没有理会家人的怀疑，我果断地选择了黑色的百叶窗。因为它能够将这个有着高高天花板的房子里的橱柜上半部分遮住。在这个散发着古朴气息的厨房里，黑色的百叶窗与时尚现代的抽油烟机等家电交相辉映。而我真正的目的是将橱柜上半部分繁多的杂物隐藏起来。

用针织花边式窗帘和百叶窗
隐藏

隐藏的美学同样体现在橱柜对面餐具橱的顶部。这里堆满了母亲积攒了一辈子的厨房用品。我用针织花边式窗帘将这个地方遮住。

我使用的是以前用来遮挡橱柜上部的窗帘，它与下方的餐具橱十分搭调，演绎出一种浪漫的情调。

于是，如我所愿
所有想要隐藏的东西都隐藏了起来。
别人安装百叶窗是为了把窗户遮住，
而我是为了把橱柜上方乱七八糟的
东西遮住。
因为在博客上参加活动而获赠的这个
明显超出我消费能力的抽油烟机，
不仅性能优越，外表也十分漂亮。
一度在这个厨房中
散发着“只有我一个时尚品”的寂寞气息。
我坚信黑色的百叶窗
会成为它的好朋友，
而现实也的确如此。

操作方法

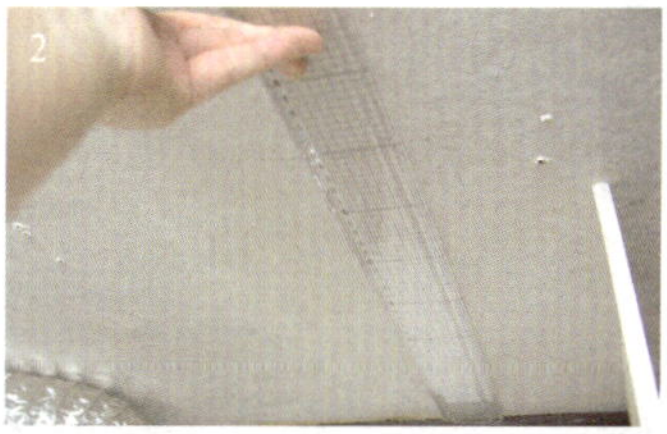

1. 为了把这个地方遮住，我做了很多努力。最开始用的是布，我将布料做成帘子挂在了那里。2. 在墙壁上量出一定间距并标注出来，确定在墙壁上呈一条直线分布的两个支架的位置。安装百叶窗需要用到两个支架。如照片所示，将支架的位置确定好。这样的话，安装百叶窗时就不会出现歪斜的现象了。3. 安装支架。钉入螺丝就可以了。用支架将百叶窗挂住，听到“啪嗒”一声就表示固定好了。连脑袋并不是太聪明的我都可以做好这件事，这里我就不再详细说明了。

每次看着这个房子，
我总会想着隐藏，隐藏，再隐藏。
隐藏的魅力实在是令人可怕。
如果没有将东西隐藏，
那么这个厨房看上去
是不会这么干净整洁的，
也是无法被我 200% 充分利用的。
我知道大家肯定也会十分同意我的
这一观点。

与黑色的百叶窗颜色一致的遮布，是我用缝纫机制作而成的黑色遮布。

操作方法

1. 我把博客友人送我的这块棉麻布的四面折叠并缝好（新熙妈妈，每次我看到这块布都会非常感谢你）。将最上面的部分适当往里折叠，再用缝纫机缝一条直线。2. 我用结实的饮水机上的细水管作为窗帘的挂线，用自攻螺丝将挂线固定在煤气灶的腿上；然后用挂线穿过窗帘上部的洞孔，再将另一边的螺丝固定住。十分简单！ 3. 如果想要做出更有品位的感觉，就花点儿钱买 50 个“自己比较喜欢的标签”吧。然后就可以用红线将它缝在布料上，或者将它粘贴在木制物件或者家具上。4. 无论什么样的布料，只要能将物品遮住就可以！即便是用彩旗来遮住物品，又有谁能够阻止我呢？

这种也是遮挡物吗？

这是由布料装饰的筷子筒。
在宽口的玻璃瓶上
缠上一层布料，
然后打一个漂亮的蝴蝶结。
将玻璃瓶中物品的腿部隐藏起来。
仅露出漂亮布料的这个瓶子，
有着不逊于商店里筷子筒的美丽。
每当我想换一种感觉时，
就会把布料取下来，
去原来盛布料的收纳箱中翻找新的布料。
无论春夏秋冬，哪种感觉都能够通过
缠绕在玻璃瓶上的布料演绎出来。
循环利用，是吝啬鬼的一种美德。

看上去有些凄凉的泡菜冰箱的上板。
在感受到这一点的那一天……
我在网上订购了一块纯白色的绗缝麻布。我想将它打扮得像个纯洁美丽的新娘，“你怎么能用这么白的布料呢？”
虽然母亲对我的行为很是吃惊和不解，
但我们家的厨房确实因此变得“越看越好看”了。
幸亏有经常因为被溅上泡菜汤而拿去机洗的这块白布，厨房的清洁工作
现在已经没有任何问题了。
即使放任不管，
也不会对厨房卫生造成大的影响。

女性美驻足的地方，
装饰厨房

现在，双职工夫妻渐渐变多了，
所以像和保守的老人住在一起的，
这种情况，可能变少了吧？
我们家的
厨房仍然是
主妇的空间。
它也是一天下来，主妇停留时间
最长的地方。
让我们用女性特有的感性
来装饰这个特别的场所吧，
展示
属于我的独有领域。

我想大家的家里肯定也会有几个
不用的画框吧。
现在把过时的图画或照片拿出来，
按照自己的喜好制作漂亮的画框，
装饰在厨房里吧！
这是我装饰完漂亮厨房后的瞬间。
大家可以选用最近十分流行的
北欧风格的画作，
也可以选择
漂亮的图片、喜欢的电影海报、
独特的字体、自己拍的扩印版照片……
什么样的都可以。

操作方法

1. 准备一个旧画框。去除上面的脏东西。2. 在铝制的画框上贴一圈纸胶带，然后给框架刷漆。如果框架是用中密度纤维板材做的，那么在刷漆前就需要使用底漆。3. 打印出一幅植物的图画。打印时使用一般的 A4 纸就可以了，也可以选择稍微有些透明的打印专用纸。4. 小心地用剪刀将植物画剪切下来，放在画框的适当位置。5. 用图案模板的方式装饰画框。6. 用水性清漆将植物画粘贴在画框上。粘贴时，在画框上涂抹足够的清漆，轻轻地将植物画贴在上面，用刷子将植物画铺平整，把气泡挤出。7. 等待清漆干燥后，再给整个画框涂抹第二次清漆。现在，可以直接用湿抹布擦拭的木制自然风画框就制作完成了。

在开始刷漆和做木工后，
我克服了羞涩情绪，
练就了大妈一样的厚脸皮，
经常跑到循环利用箱旁边
寻找别人扔掉的物品，
用来制作世界上独一无二的
具有我的风格的复古家具。
每当去超市，去市场，
或者去澡堂的时候……
我总是会跑到
附近的循环利用箱旁边。
那里……
有用的物件
正等待着我的发现。

操作方法

1. 这是我在循环利用箱处捡到的钟表。可能是因为钟表的框架下方有些摇晃，所以被扔掉了。我把它拿回家安装上电池后，发现它“嘀嗒、嘀嗒”地跳动起来，时钟是完全没有问题的。于是我将框架和时钟分开。2. 将时钟拿出来后，我在边框的玻璃上贴了一圈纸胶带，以防刷漆的时候刷到玻璃上，然后用调好的灰色漆刷了两遍。3. 等待漆完全干后，在想要做出做旧感觉的地方涂上蜡烛，然后再刷两遍白漆。4. 等待白漆完全干后，用砂纸打磨涂过蜡烛的地方，使白漆完全脱落。5. 在时钟的背部刷一遍底漆，再刷两遍面漆。6. 准备一张纸质的桌巾，然后将时钟框架其余的部分刷上灰色的漆。7. 用水性清漆将桌巾贴在时钟的底板上，并用图案模板的方式画上数字。然后将餐巾纸上的绿叶剪下来，贴在上面。等待清漆干燥后，将钟表重新安装好，复古风壁钟就完成啦！

已经使用了很长时间的厨房
本身就已经是旧的了，
而它里边的家具和物件
也都是使用了很久的
“真正的旧物”。
大家千万不要因为这些东西
过时很久
而失望。
外表靠打扮的并不只是人，
家也是这样。
我们每个人生活的情况其实都差不多。
大家先抑制自己
“喜新厌旧”的本能，
想想家里充满爱意和岁月痕迹的
旧房子和物件吧……
让我们将它们漂亮地翻新，
长长久久地一起生活吧。

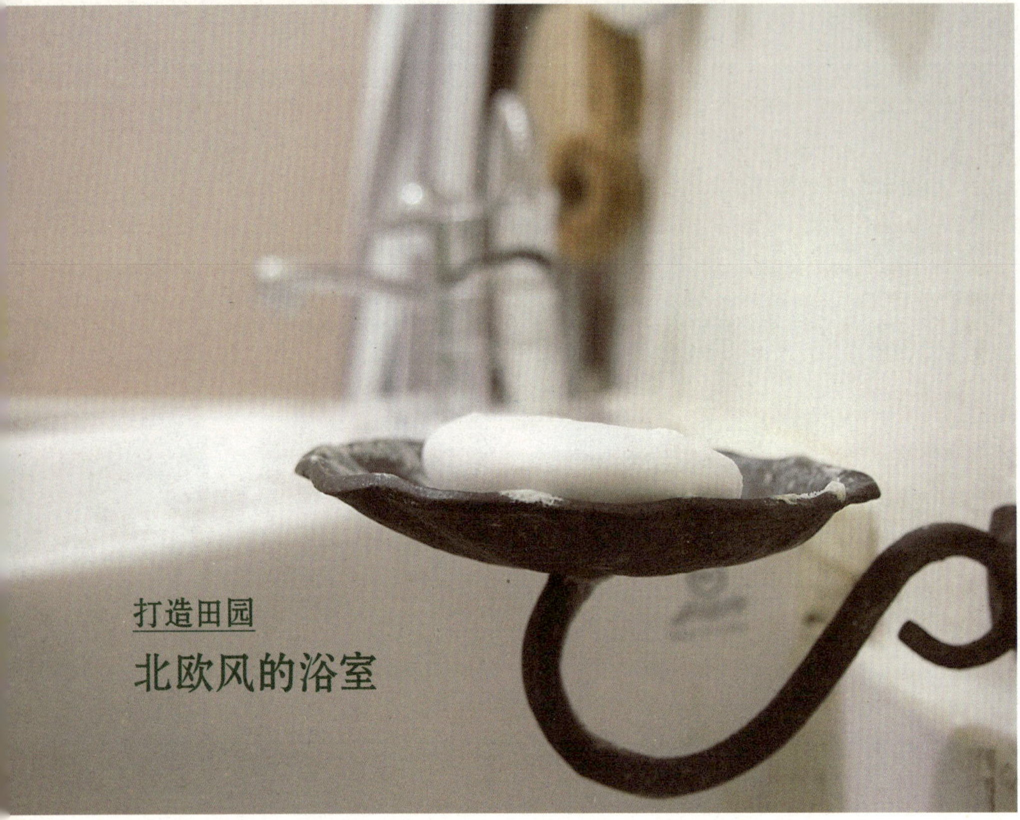

打造田园

北欧风的浴室

30年前，人们的生活十分简单，
那时建造的房子还没有多功能房间、洗衣房
这种概念，十分干净。
但是相对于整体的建筑面积，
都有一个非常宽阔、空荡荡的浴室。
我们家当然也是这样。

我发现在简单的房子里复杂地生活很浪费金钱，

所以我决定简单地生活。

我将旧式的浴室十分宽阔这一点作为一种安慰……

向往简单生活的我，

内心像以前的人一样，

变得宽广。

当电视中播放的几十秒一条的
广告铺天盖地涌现时，
“啊啊，活着怎么这么复杂，
这么吵呢？”
我起身打开浴室门，进到里面……
在这个畅快排便的时间里，
一边享受着“杂面粥”的香气，
一边拿着一本书阅读。
在这个场所，我似乎从一个现实中
一无是处的大妈
变身成为阿尔卑斯的少女海蒂。
坐在这里的 10 分钟休息时间里，
我疲倦的心灵似乎也得到了治愈。

对于浴室

我的想法始终如一

这个地方必须是十分舒适

安乐的场所。

因此在这个地方

最好不要有时尚或冷静的感觉。

事实上，即使在这个老房子的角落处

加入时尚元素，

也会很不搭调。

让我们保留老房子原有的“风韵”，

将房子装修成

复古风吧！

对于浴室这个
家人所共用的空间，
最重要的是它的便利性。
浴室要具备洗浴、方便和
洗衣服三大功能，所以
我们要分别将这三个功能
做好……
有一个宽阔的浴室
是多么幸福的事情，
我到装修完后
才意识到这点。

一目了然的洗浴空间，
会成为人们日常生活中的
力量所在
和放松的场所。
当我意识到
这个有30年建筑历史的住宅
也是一个可以施工的对象时，
我后悔万分，
为什么这么晚才想到
装修房子呢……

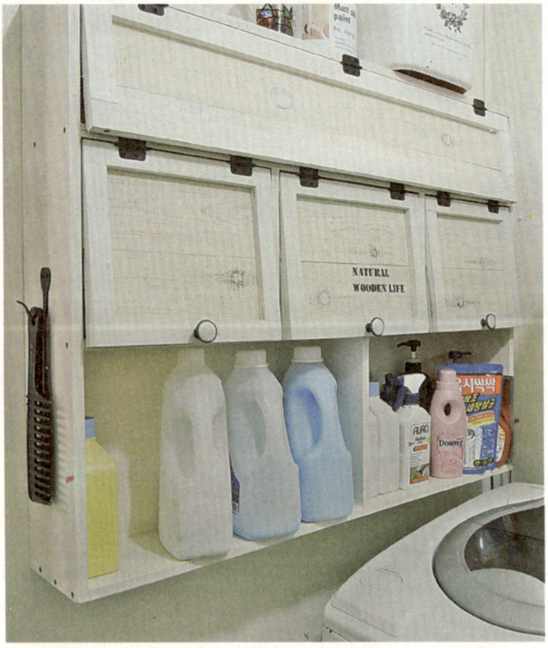

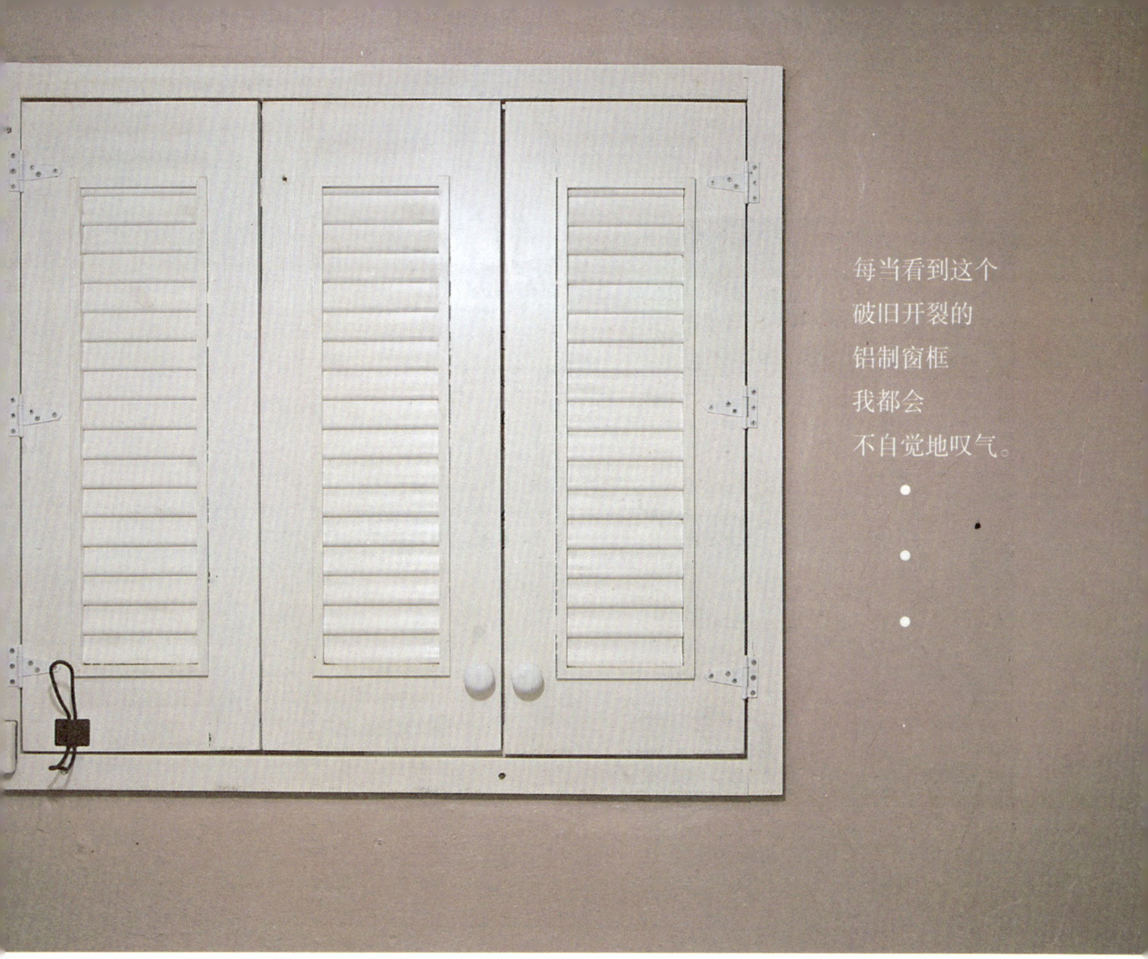

每当看到这个
破旧开裂的
铝制窗框
我都会
不自觉地叹气。

当在图纸上绘制关于这间浴室的希望和梦想时，
我总是盼望奇迹的出现。
“这是摩西的奇迹完成的啊！”
而现在，对于这个天花板格外高的“老房子”浴室，
我可以很自信地为它做一扇百叶窗。
每次站在这个白色的百叶窗面前，
我的内心总会充满自豪和愉悦之情。
“这是我做的啊！”

观察浴室的各个角落，都十分破旧。于是我下决心改变这种破旧的格局。

通过刷漆将小物件做成复古自然的风格！

宜家的淋浴帘是现代风格的代表，我在其中选择了十分结实的条纹状浴帘。
即使用的时间再长，也不会让人厌倦，
而且跟这个复古风的浴室十分搭调，一直很受我的喜爱。
耀眼的粉色是浴室的亮点。

这是刚开始学习装修时十分流行的一对拉手，价格为 3000 多韩元（折合约 20 元人民币）。这个远超过我承受能力的陶瓷拉手，直到两年后我才买到。我对这个拉手一见倾心，执意要在浴室门上安装这样的拉手。在这个昂贵的拉手面前，我那颗吝啬鬼的心碎了一地……

其他费用为贝壳肥皂架 3000 韩元（折合约 20 元人民币）、陶瓷拉手 1500 韩元（折合约 8 元人民币），更换的洗脸台基本是免费产品……

装修浴室时，是母亲和女儿联手作战，“母女作战团”最为活跃的日子。

其间购买的这些物品，是在连一分钱都没支援的父亲虎视眈眈的眼皮底下好不容易购买的。

我每天
都要去
浴室
主题旅游。

在博客上已经重复讲过很多遍了，
我的“DIY”装修并不昂贵。
不仅不昂贵，甚至到了
有些凄惨的地步。
比起材料费，我的人工费占了大头。
如果有人熟悉专业装修公司装修的浴室，
也许会觉得我装修出来的浴室十分可笑吧。
然而，我之所以十分自豪地将这个
装修并不豪华的“旧”浴室
展现给大家，
是因为
整个装修都是我这个身高不过 160cm 的女人完成的。
我想跟大家共同分享这个让我感触颇深的回忆。

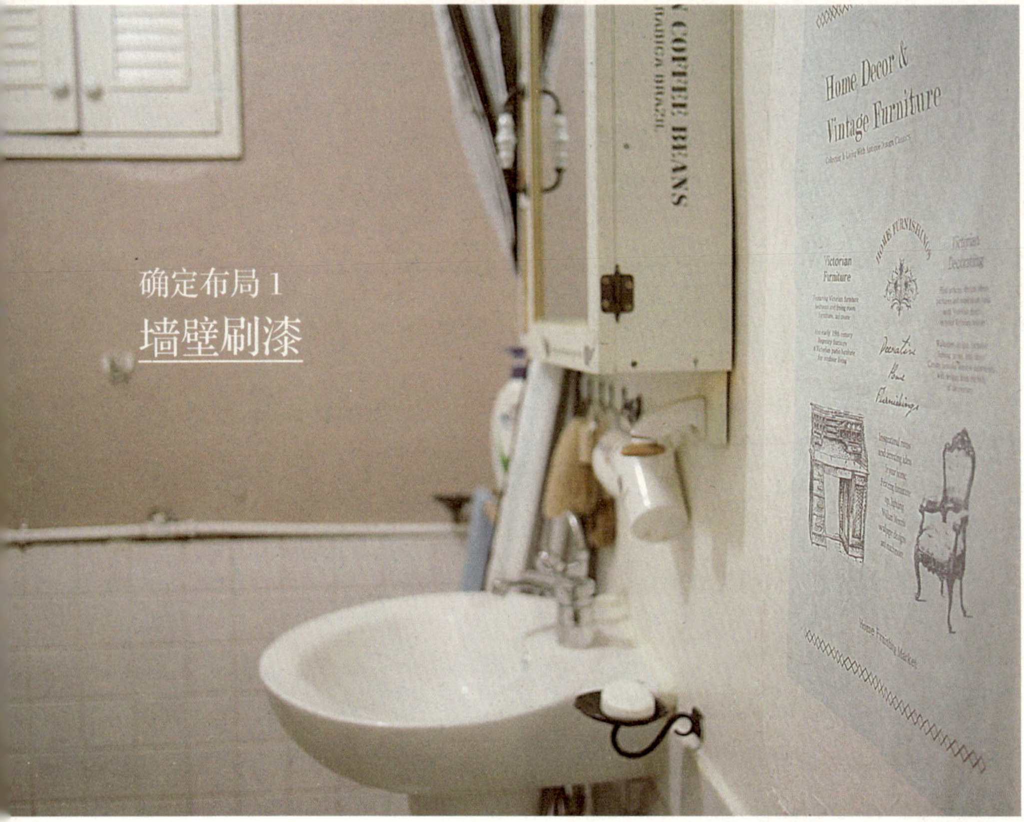

确定布局 1

墙壁刷漆

对于这个破旧不堪的浴室，我准备先确定好整体基调和布局。
而且正是因为这样，浴室的装修时间比其他房间的晚，
光是为了抓住“装修灵感”就花了两年的时间。
而且在我费尽心思设计浴室的时候，还遇到了阻碍，
那就是嘟囔着“给这个家投资是什么概念啊”的父亲。
但这点儿阻碍对我这个
固执的
吝啬鬼女儿来说，
根本就是小菜一碟！

搬过来的时候就存在的这个拐角收纳柜已经很久不用了。这个收纳空间过于狭小，所以洗发水瓶和其他浴室用品根本放不进去，只能散落在地上。

这是浴室的基本配置，洗脸台上方的镜子。这个镜框原本为樱桃红色，已经使用了十多年。我将它刷成了白色。由于洗脸台附近的收纳空间不够，它的周围散落着各种浴室用品。经常会有物品呼喊着“洗发水瓶，我来了”，滚到地面上。

从这张照片中可以看出想要消除一团糟的浴室的痕迹，但是因为通过窗户出去的冷暖水管，窗户的一边没有安装玻璃窗，使得冬天的时候，洗澡成为一种奢侈。而方便时，屁股会变凉。不过我们家的坐便器上还安装了一个净身器。为被冻得冰凉的屁股准备的这个净身器，是父亲的投资方式。“净身器在搬家的时候搬走就可以了”，好极了！

这是业余金木匠用不娴熟的手工制作的带挂钩的杉树收纳。这个样式年轻的置物架上放满了老人的各种物品。在装修前，浴室可以说是一片狼藉，地上每天都堆放着东西。

这个看上去十分丑陋的破旧的收纳柜，也是金木匠的手艺。这是我用捡来的木头和别人送的木头制作的初期作品，那个时候的我做一张“木板”都要费很大的劲儿，现在看来，尺寸做得不够大。

因为要写关于装修的文章，所以我把这张照片找了出来，看到它的瞬间，我的眼泪差点儿流了出来。

在这个建筑时间超过 30 年的老房子里，大约住了 10 年的时间。其间经常为如蜘蛛网般缠绕在浴室地面上的下水道管的破裂头疼不已。因此，浴室的地面也搞得十分破旧。我们家那两个力气大的男人对此很不以为然，劝我在地面铺一层瓷砖就可以，根本不听我的呼喊。最终，愤怒的我只好一个人“扑通”跳入完全没有头绪的浴室装修这项重体力劳动中。

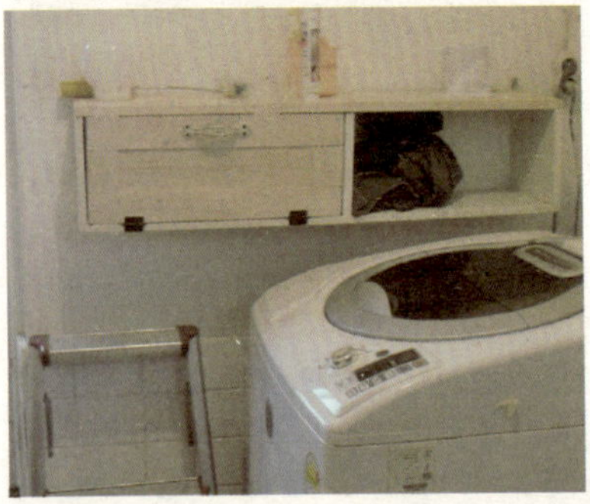

在浴室装修的整个过程中，只有一项工程我得到了外人的帮助，那就是在墙壁上钻孔，将经过窗门的管道改至经过墙壁钻出。也许是这两年我不断地提到浴室装修这件事，父亲也受到了影响，所以主动给我提供了帮助。然后是为窗户装一面新的玻璃。这种工程如果交给相关的房屋改建公司，会花费相当大一笔钱。而直接使用电钻对墙壁钻孔，就可以节省这笔钱了（墙壁专用电钻是在房屋改建公司租的）！在这个施工过程中，我顺便将水表也隐藏了起来。

忍耐是苦的，
艺术是甜的！

先从墙壁的刷漆开始。我决定在大约7平方米的这个浴室的一面使用静雅的主色。非要说什么颜色的话，应该是驼色和粉色的混合体吧！事实上德国产的油漆是一种价格十分昂贵的产品，远远不是我这个没工作的人能负担得起的；但幸运的是我获得了这家公司的免费赞助（希望大家能想起我在书的开头提到的建议，即施工过程与博客并行）。在为浴室刷漆时，请选择含有防水成分或清漆成分的油漆。在给面积较大的地方刷漆时，请准备滚筒刷漆。并且如照片所示，用塑料袋来盛油漆，等到刷漆完毕，将塑料袋扔掉即可。

在刷漆前，将左右两面的墙壁边缘贴上遮蔽胶带，以防油漆刷到其他墙壁上。窗户也要用遮蔽胶带遮好，然后开始刷漆。角落处使用1.5英寸的刷子，面积宽阔的地方使用滚筒刷漆。

这是将一面墙壁刷漆完后的样子，等待其完全干燥。油漆的干燥时间因种类和品牌的不同而有所差异，请大家参考产品说明书。对于浴室这种水汽较大的场所，只有油漆充分干燥后质量才有保证。

现在准备给其他墙壁刷漆时用到的配色。一般在老房子中刷这种明亮的白色系油漆时，效果会特别明显。如果选择了不是白得耀眼的奶白色油漆，就不会产生这是医院的错觉，从而使得装修效果更好。

工程再小，也要提前预防在家中进行施工时会遇到的各种难题。因为要最大限度地考虑到会给家人带来的不便，施工者不仅要经受体力上的折磨，还要忍受精神上的疲劳。但当我想到只要忍受一个月，就能享受10年的便利时，便又会重新打起精神，将刷漆进行到底。

将弄脏的墙壁或发霉处事先打扫干净，或者喷洒除霉剂去除霉斑。

认真地刷完白漆后，

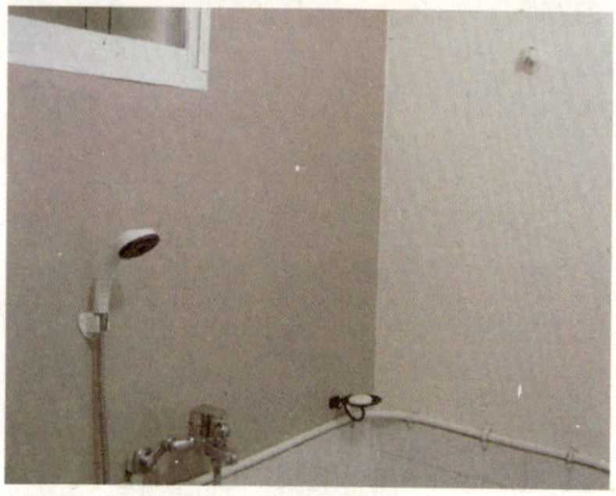

干净的浴室墙壁就完工了。

将对面的墙壁刷完漆后，我安装了置物架。安装了两个狭长的置物架后，确保了收纳空间，也成为了浴室的一处亮点。

由于我是在家人生活的空间里施工的，刷完漆后，我尽快地为一些物品安排了它们的位置。考虑到下一个工程是更换地板瓷砖，为了不妨碍工程的正常进行，以及最大限度地减少对家人造成的不便，我事先安装了一些家具，将浴室用品收纳了进去。

即使是对浴室进行彻底装修时，如果能冷静正确地处理发生的各种状况，也可以做到施工时不对家人造成太大的不便。

确定布局 2
铺设瓷砖，更换洗脸台

如果将老房子交给装修公司负责，会花费很大一笔钱。特别是如果现在住的房子并不是要住一辈子的房子，就更加需要仔细考虑。如果想要更换布满水垢和霉斑的瓷砖，其实只要在上面铺设一层瓷砖就可以了。在逛了无数个网上销售瓷砖的商店后，我最终在当地的建材市场购买了价格便宜的中国产瓷砖。由于生活在地方，如果去逛首尔的装修市场（芳山市场），来回需要的费用就快赶上施工的费用了，所以我断绝了这个念头，在家附近的建材市场逛了很长时间，然后在市场上发现了价格比网上还要便宜的瓷砖，于是果断地出手买了下来，并购齐了更换瓷砖所需的其他材料。

我用买到的材料进行了铺设瓷砖工程。瓷砖不仅花纹漂亮，还有凹凸感。作为一个业余爱好者完成的第一个瓷砖铺设工程十分成功，因此赢得了家人的赞赏。

首先清扫浴室地面。使用专用清除剂将水垢和霉斑去除。打扫干净后等待一天的时间，使地面充分干燥。

使用时间已经超过10年的这个下水道，水槽使用起来十分不方便。由于排水不畅，水槽处常年都有积水，导致洗手间总有一股臭味。在客厅吃饭时，即使将洗手间的门关上，也会有一股难闻的味道飘过来。为了杜绝从门缝中逃窜出来的“犯人”，我费尽了心思。

这是我在瓷砖商店购买的不锈钢水槽。购买所需费用是一笔巨款，花了5000韩元（折合约30元人民币）。一般下水道管道的口径是固定的，所以更换时直接将旧的水槽取出来，把新的水槽放进去就行。即使这样，大家也应该事先测量一下家里的下水道管口的直径。

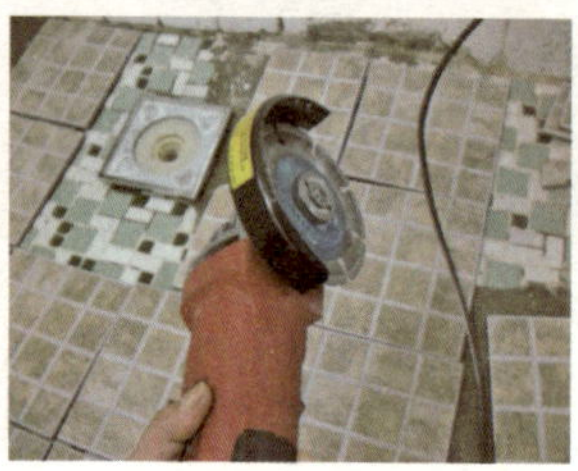

我购买的是价格便宜的中国产瓷砖。它的长宽均为20cm，施工时感觉比一般长宽为10cm的瓷砖要容易。每37块为一箱，每箱9900韩元（折合约60元人民币）的低价位，连我这个没工作的人也能够接受。首先将瓷砖铺在清扫干净的地面上，看一下整体的感觉，以及所需瓷砖的量。

施工过程中，遇到需要切断瓷砖铺设的地方时，使用瓷砖切割机就可以轻松地将瓷砖切割好。但瓷砖切割机的价格较高，而且也不常用。因此我在家中的砂轮机上安装了瓷砖切割刀片，对瓷砖进行了切割。

打开砂轮机开关，在瓷砖上划一条线。在进行这项作业时，砂轮机会发出很大的震动。因此一定要用脚踩住瓷砖，将其固定住。

用橡胶锤子沿着划好的线捶打瓷砖。切割瓷砖时，用的力度是关键。稍有不慎，会使瓷砖的其他地方开裂。

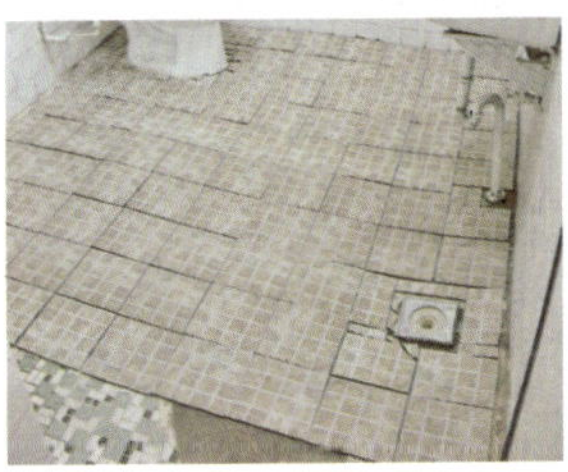

按照我在瓷砖商店学到的知识，施工时将这两种水泥按照 1 ∶ 1 的比例混合，掺入水。同时进行瓷砖粘贴和勾缝这两项作业，以便完成铺设瓷砖。从浴室的最里面开始，用抹泥刀将水泥均匀地抹在地面上，然后将瓷砖贴在上面，再将瓷砖与瓷砖之间的缝隙中填满水泥。按照这样的方式一直铺到浴室门口。贴瓷砖时，要注意瓷砖与隔壁瓷砖的高度相同。

为了铺设不到 7 平方米的地面，我这个身高 160cm 的女性花了一整天的时间。铺设瓷砖时，需要大腿和小腿肌肉的力量。

需要较大块瓷砖的地方，使用砂轮机切割。对于需要小块瓷砖的地方，直接用锤子将瓷砖砸成小块，通过拼接的方式，将其填充满即可。如果力气太小，可以让家里的男性使用砂轮机。

瓷砖粘贴和勾缝完成后，在水泥变硬前不要用脚踩。等到水泥变硬到用脚踩也不会动的程度时，开始擦拭粘在表面的水泥。一般用湿抹布就可以将水泥擦掉。但我铺设的是防滑型瓷砖，它的表面凹凸不平，所以我用钢丝球来去除水泥。钢丝球适用于表面不光滑的瓷砖（表面光滑的瓷砖可不用），不能用它擦勾缝处。因为这样有可能使勾缝处变黑。

现在轮到普通水泥和白水泥出场了。这些材料在瓷砖商店就可以购买到。如果是兼有房屋改造业务的商店，有可能会有用剩下的白水泥，价格十分便宜。水泥打开后，若长时间暴露在空气中会变硬，因此商店一般都会特价处理这种水泥。普通的水泥用来粘贴住瓷砖的背部，而白水泥则用来勾缝。

这是花了大约一天时间将地表的水泥擦拭干净后的样子。作为瓷砖粘贴剂的普通水泥，要完全干燥需要一天以上的时间。而将它与白水泥混合在一起施工，会加快施工的进程。这个知识是我在瓷砖商店了解到的。不过这并不是常见的做法。做任何事情，按照常见的做法去做，完成度会更高。

当铺设好瓷砖后，
我又以极便宜的价格购买了
洗脸台，
并进行了更换。
已经使用了十多年的旧洗脸
台，对使用者来说太矮了，
使用时需要深弯腰。

将旧洗脸台卸下以后的样子。很遗憾不能在这里向大家详细说明这个过程。因为是与反对装修浴室的父亲一起更换的洗脸台，所以当时的气氛很不适合拍照。父亲只知道洗脸台是我获得的奖品，帮忙更换时似乎也在生气，所以那时候很是提心吊胆。如果购买洗脸台的商店可以进行咨询，大家通过简单的咨询就可以获知更换洗脸台的方法。如果旁边有人帮忙搬运沉重的洗脸台，就会使更换洗脸台这项作业变得更加简单。

到这里，对这个房龄超过30年的浴室的简单装修就基本完成了。万岁！虽然勾缝作业不是太理想，但看到完成后的样子，家人都高兴地称赞我做得好。

制作
浴室家具

简单装修完浴室后，
终于到了按照空间大小配置各种家具的时间了。
每当我惊奇于自己怎么会有这么大的勇气
做这些事情时，
就会产生做完一项工程，
对下一个工程巨大的期待感。
从山脚下往山顶望去，
看似遥不可及，
但爬到一半时，
山顶已经不再像之前那么遥远。

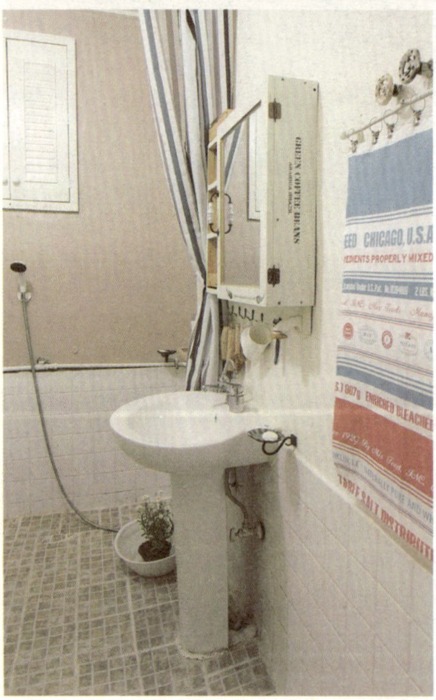

面积不到 7 平方米的浴室，
需要具有洗衣服的空间、方便的空间、
淋浴和洗脸的空间，以及收纳的空间。
根据这些空间需求，
我整理了需要用到的家具和物品。
在之前放洗衣机的地方，
即使背负外债我也要放一个四条腿的
可移动的陶瓷浴缸！
等到搬家的时候，可以随时将它带走，
我想这是任何吝啬鬼都会去做的事情吧！
每天在家里洗澡，比每周去一次
澡堂要省很多钱。
我亲自规划设计并制作了以洗衣机为中心的
“左边收纳柜，右边收纳车”的空间。
投入使用后我发现真的是十分方便！
仔细想想，世界上所有伟大发明的出发点
都源于自身的需要。
好像跟我的情况正好符合。

由于收纳柜的尺寸很大，所以能将物品
都放进去。但制作收纳柜时，
最好不要做得太深。
绘制洗衣机旁边位置的收纳柜图纸时，
我发现太深的柜子在墙壁上十分显眼，
看上去很不舒服，
而且将放在柜子深处的东西
取出或放进都不太方便。
因此我制作的收纳柜很窄，
可以一目了然地看到柜子上放了哪些东西。
如果害怕东西会掉下来，
可以安装一扇门板。
这些是以前整天在充满水垢和霉斑的地面上
乱滚的洗涤剂。
装修完浴室后，
每当心情烦躁的时候，
我都会进到这里边，
坐在坐便器上，
然后做自己想做的事情……

在另一面，是和弟弟“水中哗啦秀”的
淋浴空间靠近的收纳车。
仔细观察，大家会发现
我在收纳车上使用了具有
较强防水性的雪松木。
我只在上板和底板上使用了雪松木。
由于竖直的支柱即使溅上水
也会很快流下来，
所以这一部分我仍然选用了美国松胶合板。
不过在这个地方，我反复刷了好几遍的
水性清漆，为它穿上了一层铁甲。

给收纳车的底部挂上滚轮后，
我将车子放在原来放置洗涤剂和洗衣筐
的位置。为了方便起见，
我将洗涤剂和洗衣筐放在了收纳车的最
上方。
之前一直在地上滚来滚去的这些物品，
终于有一个可以安然入睡的地方了。
对于那些有碍视线的物品，
我放在了车子的下方，减少了视觉污染。

这是我的一个梦想，在门板上挂一面镜子。
于是，我战胜了破旧的置物架和镜子，
制作了一个镜柜，放置在洗脸台前。

在镜柜的下方，我做了一排挂钩，
起到了收纳和装饰的效果。
关上镜柜的门后，可以将里面
形形色色的洗漱用品
全部隐藏起来，
看上去十分整洁清爽。

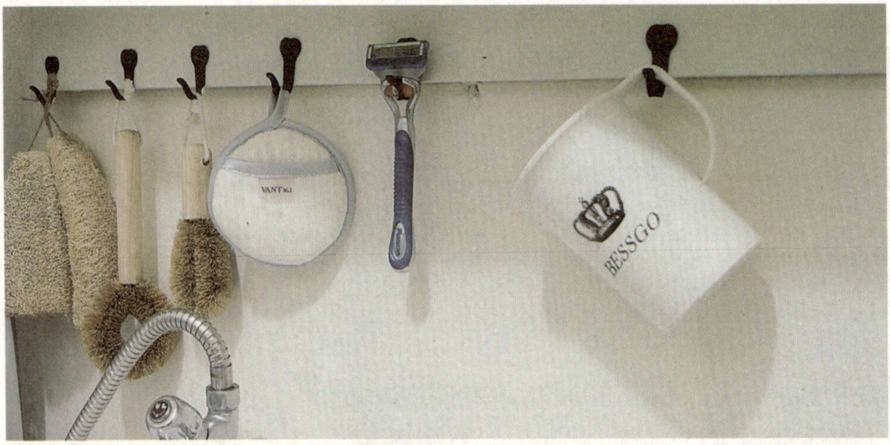

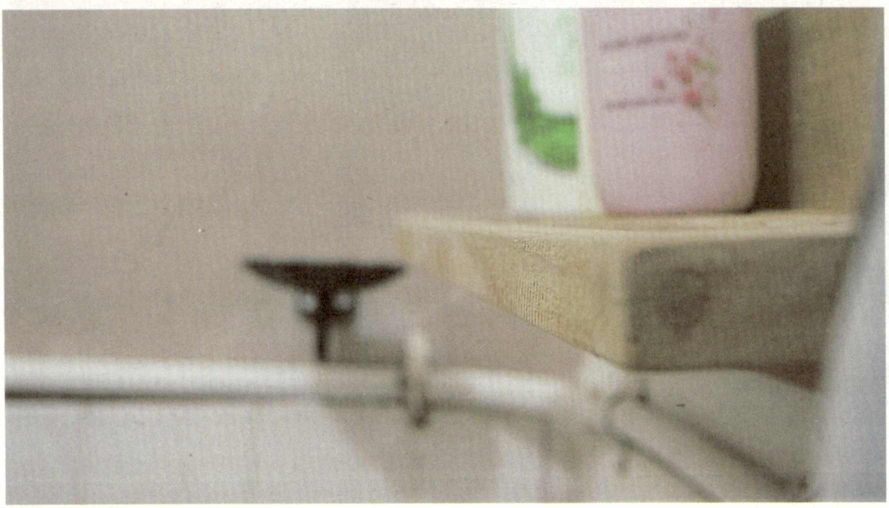

在淋浴空间处，我用花 5000 韩元（折合约 30 元人民币）买的雪松木，制作了一个洗发水置物架。

每天都要放置湿毛巾的这个置物架，具备了自动干燥和储物的功能。

不论是谁，在看到这个置物架时都会意识到，原来这里就是淋浴的空间。

约定因为遵守而存在
规则因为打破而存在
缺陷因为克服而存在。
再古老破旧的浴室
也会因为如何使用
如何装饰
而有所改变。
但装饰的时候
一定要在自己经济能力的范围内进行。

就在三年前，我还是一个连钉子都不会钉，参加三天两夜的活动时总是被落在男人后面的人，但自从我开始用自己的双手解决问题后，我发现世界上所有的事情都变得简单了。

“DIY”，真的是很酷。

在“没钱，又没东西”时，我也不认为有了钱就能买到世界上的任何东西。

对我来说，问题在于用较少的钱找到“正好适合我的东西”，这件事很难……

然而事实是，它比我想象的要简单。

“DIY”，做就行了。

那些认为“我是天生的公主”的人，一定要学会自制。

当我开始自己动手的那个瞬间，就已经拒绝了不可一世的男人的帮助，

当然，紧急时，也许还会需要他们的辅助帮忙。

看到这一点大家不要觉得好笑，请铭记在心！

制作浴室家具 1

洗衣收纳，大型壁式收纳柜

在制作这个推车型收纳桌之前，
洗衣机旁边的地面上到处散落着
洗涤剂、洗衣筐、洗发水瓶、漂白粉等
物品，让人连下脚的地方都没有。
而且每次打开洗衣机洗衣服时，
都让人备感压力，
总是不自觉地抱怨：
“洗一次衣服怎么需要这么多东西呢？”
而我制作的推车型收纳桌，则将这些问
题一网打尽。

操作方法

●首先，制作框架

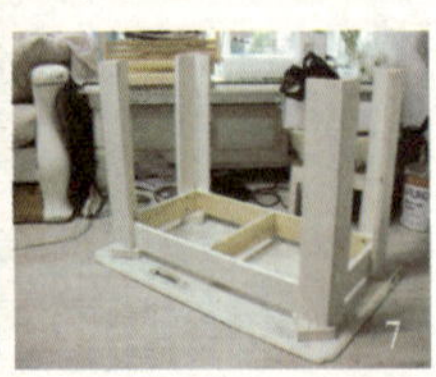

1. 这是构成桌腿部分的木料。将它们组合成“ㄱ”形。在木板与木板交接处涂抹木工胶，并用带有双重钻头的电钻钻孔，安装木工用螺丝。2. 组合安装桌板的加强框架。框架的安装顺序为“ㄱ－ㄷ－ㅁ”。并且用“木工夹＋双重钻头＋螺丝”的方式将其固定住。3. 在框架的中间部分再安装一块横板，起到加固作用。4. 在完成后的框架上安装事先做好的“ㄱ”形桌腿。5. “ㄱ”形桌腿安装完之后，在内侧用螺丝将其固定。这样的话，在外面就看不到螺丝的痕迹，显得十分清爽干净。6. 对于露在外面的螺丝洞口，用木榫将其堵住，然后用短锯将多余的木榫锯下来。7. 将喜欢的油漆倒在油漆盘中，对木桌进行刷漆。请选择防水性强的木材专用油漆。

●● 其次，制作桌板

1. 这是用来制作桌板的雪松木板。雪松木板即使不用刷漆，也具有良好的防水性。因此我只在它的表面刷了一遍德国的天然木蜡油。与其他品牌的蜡油相比，这款蜡油散发出一种自然的香气，干燥的时间也很快。能有效减少过敏、新家症候群等病症的发生，只不过价格较贵。在经常要裸体的浴室中，大家最好使用这种纯天然的油漆！ 2. 将木蜡油涂抹在木板上（用海绵或刷子），等待十多分钟后，用棉布将多余的蜡油擦去，简单地进行抛光（使表面光滑）作业。3. 组合搁板。在两块有一定间隔的竖向木板上，将木板横向罗列。使用电动码钉枪将木板临时固定住。4. 将组合好的搁板翻过来，用螺丝将木板固定好。5. 在桌腿上安装加强板，给桌腿刷漆。将之前制作的框架也刷上漆。

●●● 最后，组合完成

1. 在给桌腿部分安装加强板时，将普通的木材切割成适当长度即可。2. 这是我正在将桌腿翻过来，在上面安装搁板的样子。将"ㄱ"字的桌腿和搁板相交的地方事先用铅笔标记出来，便于固定。3. 将四条桌腿和搁板全部固定好。4. 将作为桌板的木板排列好，将桌子倒置，使框架与木板相交。在内侧用迷你角铁将其固定住。由于桌子通常被置于湿气大的地方，所以最好选用塑料的角铁。5. 在桌子的外侧适当做些装饰即告完成！

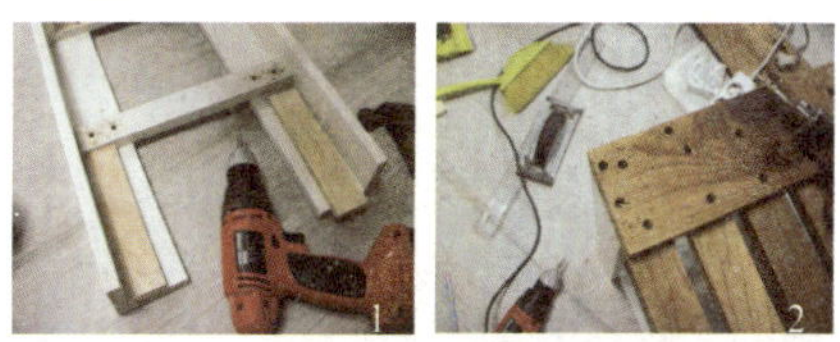

这是为洗衣用的洗涤剂和浴室
用品的大量收纳制作的
壁式收纳柜。
看上去很大，
但宽度只有 20cm，
所以既不占用太大的空间，
也能井然有序地收纳物品，
是一件“越看越有魅力的
物品”！
与使用很多个小型收纳柜相比，
只使用这样一个较大的收纳柜，
在使空间更加干净的同时，
让狭窄的房间显得很大。

操作方法

● 首先，制作框架

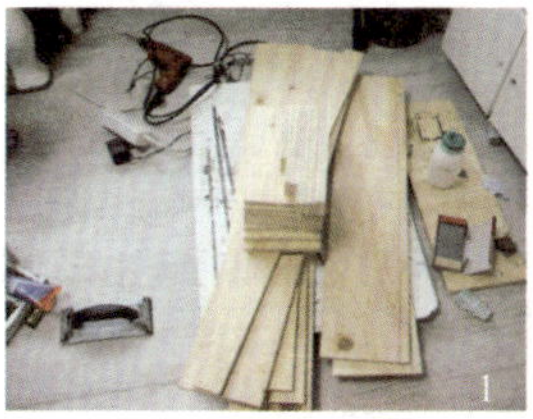

1. 这是按照事先画好的图纸准备的木材。如照片所示，两张侧板上已经经过加工做了槽口，以便能和后板连接在一起。2. 将按照图纸尺寸切割好的木板临时组合好。先从收纳柜的中间开始安装。在横板上安装一个竖板，是“一号”。在另一块横板上安装两个竖板是“二号”和“三号”。将这两块木板组合在一起是“四号”和“五号”。3. 将组合完成的这个框架竖起来，安装侧板。安装时槽口部分维持原状，以方便等会儿安装后板。4. 安装另一边的侧板。注意看躺在地上的那面侧板！开有槽口的地方应该与横板在一条水平线上。

1. 将完成的收纳柜正面朝下，安装后板。先将一块木板镶嵌进去，然后用电动码钉枪固定住。也可以用钉子和锤子来代替电动码钉枪。2、这是将所有木板都镶嵌进去后的样子。将下方搁板处的框架与后板的相交处，也用电动码钉枪加以固定。3. 在收纳柜的上方安装一个壁挂用加强板。如果能用铅笔将下方框架的厚度标记出来，会使螺丝加固作业更加顺畅。4. 这是制作完成的收纳柜后板。在后板上，两侧要比中间凸出，这样挂在墙壁上以后，会出现一个通风口，便于通风。5. 这是它正面的样子。虽然样子不太好看，但作为初学者制作的简单的收纳柜，它能够收纳很多物品，十分方便。

●● 其次，安装前板和后板

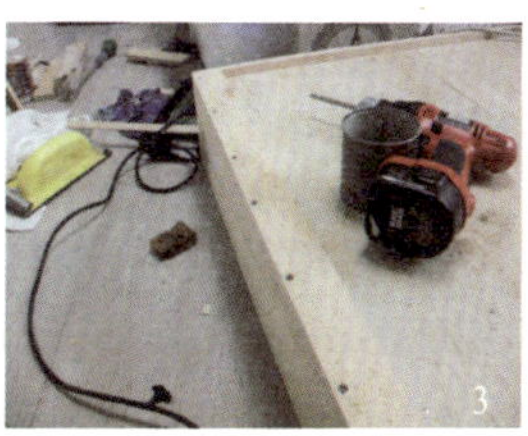

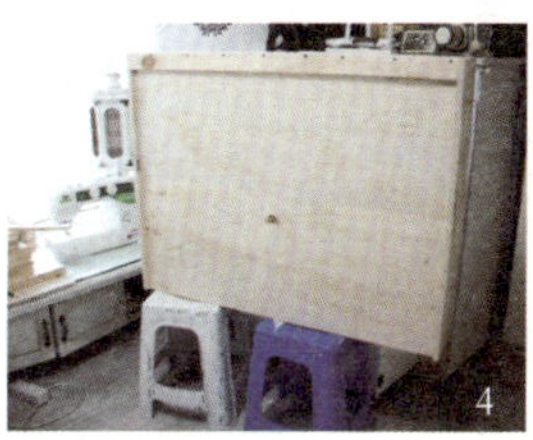

●●● 再次，制作收纳柜门板

1. 将木板截断成条状，制作四角形的框架。2. 在木板交接处涂抹木工胶，并用手动码钉枪临时固定，做成框架。如果有木工夹，就没有必要使用手动码钉枪。3. 使用双重钻头进行钻孔，安装螺丝固定。4. 框架组合完成后，用“一”字形螺丝刀将作为临时固定用的码钉取出来。5. 对于留下螺丝作业痕迹的洞口，使用木榫将其堵住，以遮掩螺丝的痕迹。6. 按照安装好的框架制作门板，也可以直接在网上商店订购相应尺寸的门板。

●●●● 最后，从刷漆到安装

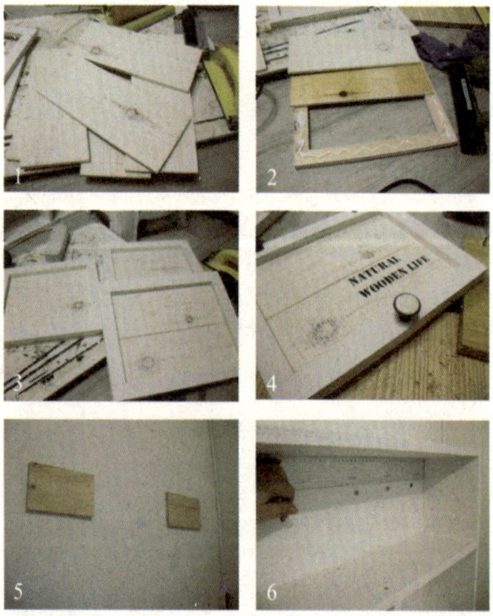

1. 刷漆。如果想要露出木质纹理，只刷一遍漆；如果想让油漆的颜色更加明显，就刷 2 ~ 3 遍漆。2. 等待油漆干燥后，用砂纸将门板打磨光滑。3. 将门板贴在框架上。4. 安装拉手，并在门上进行装饰。在制作完成的门板上安装好合页。5. 挂在墙壁上时，方法与橱柜挂在墙壁上的方法相同。首先按照在后板与侧板相接处的位置，各安装两块厚度相同的木板在墙壁上。将钢钉砸进去固定住即可。安装这两块门板时，应该使用水平尺，以保证这两块木板在一条水平线上。6. 将收纳柜挂在墙壁的木板上（用后板中凸出的部分挂住），前面用迷你螺丝将墙壁上的木板和收纳柜固定住。通过螺丝将墙壁上的木板和收纳柜连接在一起，即使是一个成年人用手去晃动，收纳柜也不会晃，十分结实。最后，将门板安装在收纳柜上。

以前看法国电影时，每次看到洗脸台前的镜柜都觉得十分羡慕。

由于家里东西太多，所以总是堆得到处都是。

我不得不费尽心思地考虑：“这些东西要放在哪儿呢……”

于是，我对镜柜的渴望越来越强烈。

在制作镜柜之前，浴室的一侧有一个十分破旧的收纳柜，它是我用市场上购买的狭长的木板制作而成的。

在装修浴室时，我又给收纳柜做了一个木框，

并到附近的玻璃店买了一面镜子，将镜子镶在木框上，

于是镜柜就做好了。

现在我再也不用为到处找洗脸用品而发愁了。

每次看到这个塞满日用品的镜柜，我都很开心。

制作浴室家具 2
洗脸台镜柜

洗脸台镜柜图纸

收纳柜

前板镜子

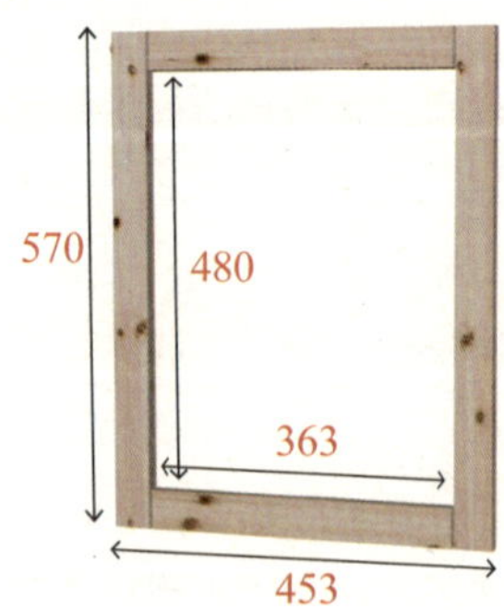

操作方法

● 首先，制作镜柜框架

1. 镜柜框架。将切割好的木板如照片所示先试着组合一遍。这样可以看出木板剪裁得是否准确。2. 该镜柜的左右侧板比中间侧板要高出一块，这两侧中凸出的部分是镜柜的后侧。3. 在木板上刷一遍水性涂料，并打磨粗糙的部分，如果之后能再刷 1 ~ 2 遍水性清漆则会更好。后板也按照想要的颜色刷漆。4. 油漆干燥后，使用“双重钻头 + 木工螺丝”安装木板。5. 安装后板。在框架与木板的相交处安装钉子进行固定，或者使用电动码钉枪。6. 当时我还没有买电动码钉枪，在后板安装用来挂住墙壁的加强板，在下方安装吊钩的木板上，使用木工胶进行加固，等待 3 ~ 4 小时的时间使其固定住。像这样做木工时，根据进程逐步购买需要的工具器材才能更省钱。7. 用“双重钻头 + 木工螺丝”的方式将框架和后板固定住。8. 这是将要挂吊钩的部分的后面。9. 完成后的正面是这样的。10. 在墙壁上安装两个与木框突出部分厚度相同的木板，并将钢钉敲进去，进行固定。每次进行这种作业时，我总是浮现这样的想法：“幸好这是老房子！”11. 将完成后的镜柜框架挂在上面，并用螺丝将其固定住。现在它看上去固定得十分结实。12. 将下面的挂钩也挂上，镜柜的框架即告完成，现在只要安装上门板，镜柜就做完了。

●●其次，刷漆和完成门板

1. 安装门板前，将镜柜的框架的前部和后板都刷上白色漆。2. 使用相同的方法将其挂在墙壁上，并在镜柜的侧面做一些装饰。3. 安装有镜子的门板。购买木材时，要选择一块厚度为 18mm，框架内部有 3mm×5mm 槽口的杉树木板，然后放入 3mm 厚的镜子。通过这种方式制作的门板十分干净利落。4. 在木板与木板相接处涂抹木工胶，通过“双重钻头＋螺丝”的方式固定。安装螺丝后，在洞孔处填充木榫，将暴露在外面的木榫锯断。5. 漂亮的镜子式门板完成。6. 在镜子和木材的交接处涂抹硅胶，以便防水。在涂抹硅胶前，用纸胶带将靠近边缘处的地方遮盖住，防止硅胶落在别处，用手或其他工具轻轻将硅胶涂抹均匀，涂抹完硅胶后，再将纸胶带揭下来。

7. 硅胶涂抹完成。留出时间，等待硅胶彻底变干。8. 等到硅胶干后，将框架刷成白色。事实上，先将木板刷成白色再进行组合效果更好。但作为一个性子急躁的庆尚道女人，我选择了最快的方法。9. 镜框的后面也安装得十分完美。10. 按照自己的喜好安装拉手。11. 按照自己的喜好装饰镜框，这一步也可以省略。12. 由于镜框要安置在洗脸台的前面，水汽很大，所以我用水性清漆在上面刷了 2 ~ 3 遍。然后用合页将它与收纳柜连在一起，镜柜就完成了。

为了打造田园自然风格的浴室而选择的实木家具，一般来说很难抵挡水汽的侵蚀。
但如果能使用防水性强的几种树种的木料，这个问题就迎刃而解了。
例如我用防水且不易腐的雪松木制作而成的洗发水置物架，
置物架上可以放置洗发水等洗浴用品，也可以将湿毛巾放在上面，
有一种在电视里看到的高级会馆的氛围。
刚做好这个置物架的一个月中，每次家人走进浴室都会说：
“我们家浴室里好像有一股桑拿房特有的香气呢！”
不过遗憾的是，一个月之后，雪松木的香气就渐渐消散了。

我们怎么能
和别人一样
使用那种圆形的牙刷筒呢？
我制作了一个
实木的
牙刷盒。

都装满了看上去不舒服，
都清空了又觉得空荡荡的。
如果在细长漂亮的铁制支架上安装白色的置物架呢？！
虽然占据的空间小，
但它能够在墙壁上做出多种表情。
只要用几件物品去装饰，
就能在空荡荡的墙壁上
绘出一幅美丽的图画。

塑料洗涤桶

土气的国民垃圾桶

塑料筐

它们的共同之处在于结实，扔掉十分可惜。而看到家里使用的这些颜色不一的物品，实在让人眼花缭乱、头疼不已。翻看装修杂志，我感觉到即使不是著名的设计师，也有相似之处——都强调“颜色一致”。除了那些为了演绎艺术性而使用多种颜色的装修之外，其余的装修都将物品进行了统一，看似同一个系列的物品可以使装修看上去十分高贵。

我决定也按照这种“颜色一致”的方式装修。我将一个桶、一支笔及视线中的物品都涂成了白色，最终，一幅欧洲做旧风格的图画展现在我的眼前。

用剩下的零碎木材

烙桐法

宇宙的时间
似乎
暂停了……

坐便器的旁边是我享受闲暇时光的一个空间。我用积攒的零碎木材做了一个超级简单的收纳架，不过为了表现我的诚意，我特意在上面使用了烙桐法。

“嗖嗖”……当木头烧焦的香气飘入我的鼻孔时，漂亮的木质纹理也显现了出来！让我想到了战胜挫折的生命。

坐便器旁边这个狭窄的空间，放置的是我为了能更好地休息而制作的简单、木质纹理清晰的做旧风书架。

不花一分钱制作的

自然风花环

我想在浴室的门上
挂一个漂亮的圆形花环。
但是花钱买一个花环
有点儿太奢侈了，
还是自己做吧。
超级简单，不花一分钱制作
自然风的花环。

但是应该怎么称呼它呢？
松塔花环？
碎布花环？
又或者是衣架花环？

用在外面捡来的松塔、
积攒的碎布，
以及衣架制作的花环，
是不是很有特色呢？

操作方法

首先，制作花环圈

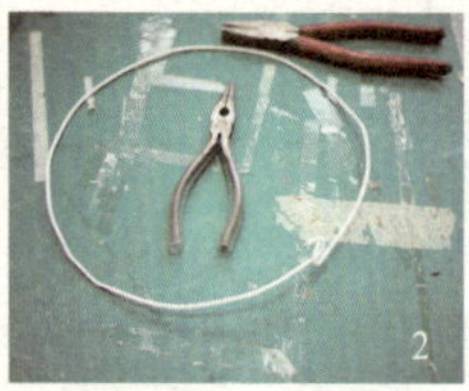

1. 用钢丝钳或剪钳将衣架剪断。将挂钩部分剪掉，只留下面的一部分。

2. 将剪下来的衣架做成圆形。两个端点处缠绕在一起并将其固定好。

3. 这是春天捡到的松塔。在其中挑选完整漂亮的。

4. 这是以前我花了 450 韩元（折合约 3 元人民币）购买的铁丝。用钢丝钳将其折叠，然后使其从另一端钻出。

5. 在松塔的尾部有一个突起。将铁丝套在上面，用打胶枪固定。

6. 如照片所示，铁丝缠绕在了松塔的尾部，并且用打胶枪进行了固定。

7. 将松塔放在鸡蛋盒中，等待胶水完全干燥。在胶水干燥之前，不要晃动铁丝，否则会粘得不结实。

●●接下来，刷漆和贴上布料

1. 这是刷成白色的松塔。将松塔仔细地刷上白色漆，等待其干燥。

2. 等到油漆干燥后，将铁丝缠绕在圆形的衣架上。如果用钢丝钳进行这项作业会更加结实。然后用打胶枪进行加固。

3. 这是将松塔全部安装后的样子。

4. 这是零碎的布料。将布料剪裁成 1.5 ~ 2cm 宽的长形布料，用熨斗熨烫平整。

5. 在花环圈上寻找空隙，将布料系在上面。

6. 转动布料，让它们朝向外面，会更加漂亮。

7. 系完布料后，将多出来的部分剪掉，适当调整一下即告完成！

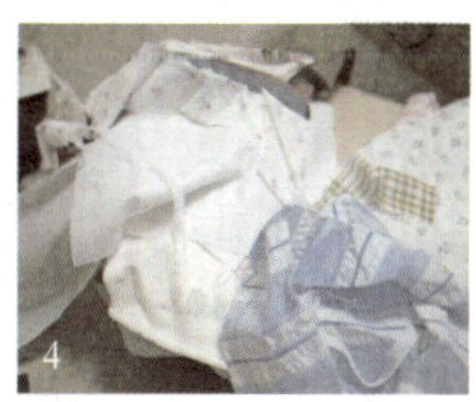

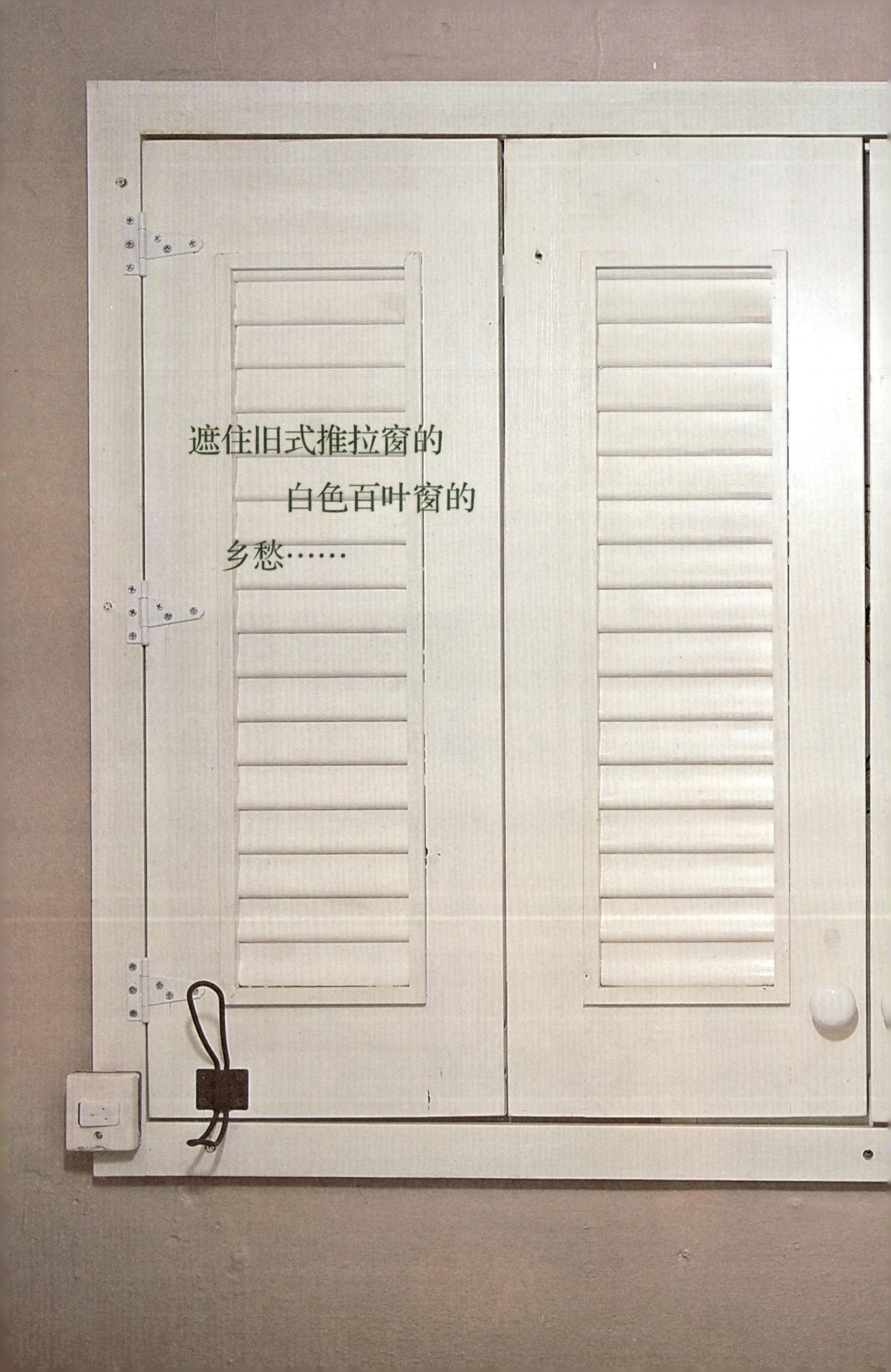

遮住旧式推拉窗的

白色百叶窗的

乡愁……

按照十分喜欢大庭院的母亲的要求，
之前住过的那个大房子的某个角落中，
曾经有一个装饰仓库窗门的
百叶窗。
当时我根本没有注意过那个窗户是不是很漂亮。
但突然有一天，我流下了思念的泪水，
那时我才知道，原来幸福在身边的时候我却没有意识到，
“这是对我的惩罚吧！”
之后的岁月里，
百叶窗成了我对以前那个家
印象最为深刻、最频繁想念的物品。
在这个老房子中是不是也可以做出这种百叶窗呢？
我开始考虑这件事情，
然后看到了浴室里的
这个快要坏掉的推拉窗。
我决定在这个旧窗户上覆盖一个百叶窗，
我把这看成了我的修行之路。
每天早上，我都会对
这个重新回到我身边的、
承载了我幼年回忆和思念的白色百叶窗
问好：
“你好，百叶窗……日安！”

操作方法

●首先，安装门框

1. 这是我定做的百叶窗。虽然也可以购买木材自己制作，但对于初学者来说，这项工程实在是太难了，所以我在促销期间购买了这个百叶窗。2. 我用美国一家涂料公司生产的略带透明的奶白色油漆刷了 3 遍窗户。对于狭窄处和角落很多的百叶窗，最好使用宽刷刷漆。我使用的宽刷是在网上购买的 400 韩元（折合约 2 元人民币）一个的最小型号的宽刷，刷子上的毛十分饱满，是一款我特别喜欢用的刷子。3. 在等待油漆干燥期间，制作安装在旧窗户上的框架。因为最终一定会将框架结实地固定在旧窗户上，所以在组合框架时，我只涂抹了木工胶，用手动码钉枪临时固定住了框架。露出码钉的部分，便是窗框的背面。4. 在框架上用铅笔标注出要钻孔的部位，用双重钻头钻孔。5. 将窗框贴在窗户上之前，在窗框上涂抹玻璃胶。由于我是单独作业，所以为了防止木框从窗户上掉下来，我用双面胶进行了临时固定。6. 把实木窗框贴在窗户上后，用自攻螺丝将窗框固定在窗户上。

●●其次，刷漆和完成

1. 安装好螺丝后，用木榫将洞孔堵住，再用短锯将多余的木榫截断。2. 完全看不到螺丝痕迹的实木窗框完成了！完成这一步的时候，我已经满身是汗了。3. 将实木窗框刷成白色。4. 在事先刷好漆的百叶窗背面，选择两扇窗门安装上合页，以便制作折叠式窗户。5. 在适当的位置安装拉手。6. 用合页将百叶窗门和窗框连接起来。最右边的窗户为推拉式窗，左边的两个为折叠式窗门。

在遮盖旧式的推拉窗和
阻挡外面凉风的
百叶窗做好的那个夜晚，
我低声向它问好。

晚安，百叶窗……今天也特别感谢！

春天，妈妈的庭院

后序

在更晚之前，母亲……

妈妈今天曾对着在家里做了一整天木工活的我这样说道：
“这是干什么啊，整天在客厅里做木工活！”
到了晚上的时候……看到在女儿手底下完成的很不错的成品后，
她又会这么说：
“虽然不是太漂亮，但已经是你做得最好的一个了！呵呵！”
比起我爱妈妈、我理解妈妈、我会像妈妈一样优秀等等想法，
我更多的是抱怨，更多的是过于坦率地表达自己的情绪：
为什么妈妈要这样做？真是难以理解，我不会像妈妈一样活着……
然后敷衍般地对妈妈说：“不管怎么样，我对妈妈来说是最好的！”
想到这些，我感到十分愧疚。

说“对不起，妈妈”这样一句话有那么难吗？
每到应当道歉的时候，我都会想：下次再说吧，反正妈妈也会理解……
然而突然有一天我幡然醒悟。
妈妈的智慧正在被岁月吞噬。
连手机话费账单这么简单的文字，妈妈都几乎难以理解。
从那时起，我意识到我应该向妈妈学习了。

学习制作辣椒酱的方法，
学习制作大酱的方法，
还要学习妈妈在大酱中加入切成丝的葱和萝卜，
来制作妈妈牌大酱汤的方法，
以及学习妈妈最爱喝的杂面糊的
制作方法……

想到这些，
为什么我的心变得焦躁不安呢？
为什么我会变得这么急迫呢？

在这个正在等待我的手艺
的老房子里，
我会做妈妈的好学生。
老师本来就是这样的，
在学生学会前，绝对不会下讲台。
妈妈教得很认真。
一定的，
我不会偷懒，
努力将妈妈教给的东西都学好。

然后，对于女儿写的这本书，
虽然不好意思，但我最想
献给我的妈妈。
希望妈妈能开心地收下它……

女儿小姬敬上